高水平
中等职业学校
系列教材

餐巾折花

艾雪飞　王静　冉俊　主编

刘婷　魏露　莫代鹏　副主编

吴光文　主审

U0201545

CANJIN
ZHEHUA

化学工业出版社
·北京·

内容简介

本书为中等职业教育餐饮服务技能教材，根据餐饮服务技能的一项实际任务——餐巾折花编写，主要内容为餐巾折花的基本知识和基本手法。本书以生产经营活动中的实际项目为载体，精心设计教学任务与教学目标，从知识目标、技能目标对课程内容进行规划与设计，内容全面细致地对接餐厅服务员和酒店服务员岗位要求。本书内容翔实、图文并茂、逻辑性强，将规范与创新、理论与实际操作以及技能等级考核结合，具有很强的实践性、趣味性和艺术性。

本书适合中职旅游服务与管理专业学生以及酒店服务人员职业培训使用，也可作为餐饮行业经营活动的参考用书。

图书在版编目（CIP）数据

餐巾折花 / 艾雪飞，王静，冉俊主编 . —北京：化学工业出版社，2021.11
ISBN 978-7-122-40222-6

Ⅰ. ①餐… Ⅱ. ①艾… ②王… ③冉… Ⅲ. ①餐馆 - 装饰 - 教材 Ⅳ. ① TS972.32

中国版本图书馆 CIP 数据核字（2021）第 223039 号

责任编辑：王　可　金　杰　　　　　　　　　　装帧设计：王晓宇
责任校对：宋　夏

出版发行：化学工业出版社　（北京市东城区青年湖南街 13 号　邮政编码 100011）
印　　装：天津市银博印刷集团有限公司
787mm×1092mm　1/16　印张 9　字数 150 千字　2022 年 9 月北京第 1 版第 1 次印刷

购书咨询：010-64518888　　　　　　　　　　售后服务：010-64518899
网　　址：http://www.cip.com.cn
凡购买本书，如有缺损质量问题，本社销售中心负责调换。

定　　价：54.00 元　　　　　　　　　　　　　　　　　　版权所有　违者必究

编委会

主　任：秦忠信

副主任：杨　榕　冉　俊

委　员：彭仁全　饶昆仑　吴光文　鞠　波　艾雪飞　石敦华

　　　　张　娅　魏　露　左　琼　杨　丽　刘　婷　王　静

　　　　黄　梦　莫代鹏　白　凯　张　广　冉红波　冉于平

　　　　姚　侵　蔡其余　陈德政　许正英　石梅林

前言
PREFACE

随着生活水平的不断提高，人们对餐饮业的要求也越来越高，越来越注重就餐环境和氛围。餐巾折花可以起到烘托餐厅气氛、标识主宾席位的作用，还可以体现餐厅服务水平及艺术水准。本书根据《餐饮服务技能训练——餐巾折花课程标准》，通过广泛的调研将理论与实践经验相结合，由职业院校一线教师和专家共同参与编写。全书共分五个项目：项目一是掌握餐巾折花基本技法，项目二是折叠餐巾盘花，项目三是折叠餐巾杯花，项目四是折叠餐巾环花，项目五是运用餐巾花。本书以工作过程为导向构建课程体系，以生产中的实际项目为载体进行授课，精心设计教学任务，按照知识目标、技能目标对课程内容进行规划与设计，使课程内容更好地对接餐厅服务员和酒店服务员职业技能岗位要求。本着科学性、系统性、艺术性、实用性、可操作性等原则，本书图文并茂、内容丰富，文字叙述深入浅出、通俗易懂，融技能训练与艺术鉴赏于一体，在帮助学生掌握餐巾折花的基本知识和基本手法的同时，培养学生主动发现问题、解决问题以及自主学习的能力，培养学生的团队合作意识与严谨踏实的作风，提高学生的艺术鉴赏能力和创新思维能力，能胜任餐厅服务员和酒店服务员等岗位。

本书由重庆市酉阳职业教育中心艾雪飞、王静、冉俊担任主编，刘婷、魏露、莫代鹏担任副主编，张广、冉红波、许正英、石梅林、白凯、陈德政参与编写。各项目编写分工如下：项目1、2由艾雪飞编写，项目3、4由王静编写，项目5由冉俊编写，刘婷、魏露、莫代鹏参与编写，张广、冉红波、许正英、石梅林、白凯收集整理资料，陈德政负责图片拍摄整理，全书由艾雪飞统稿。本书由重庆市酉阳职教中心吴光文主审。重庆城市管理职业学院吕红博士指导撰写课程标准，重庆城市职业管理学院殷开明教授指导编写教材，重庆市教科院职成教所所长谭绍华、渝北职教中心郑方波等专家也参与审阅，并提出许多建设性意见，在此对各位专家表示衷心的感谢！

编者在编写本书的过程中，参考了国内有关著作、论文、餐巾折花作品及相关教材，在此特向上述文献的作者表示感谢。此外，本教材在编写过程中得到了重庆市酉阳职业教育中心、酉阳时代国际大酒店、酉阳金银山度假酒店、渝北职教中心等单位领导的关心和支持，谨致以诚挚的谢意！

由于编者水平有限，本书不足之处在所难免，敬请读者不吝赐教，以便修改。

编　者
2021 年 5 月

M0-1 餐巾折花
课程介绍

目
CONTENTS
录

001
项目一 掌握餐巾折花基本技法

任务一　认识餐巾及餐巾花 / 002　　　任务二　餐巾折花的基本技法 / 005

012
项目二 折叠餐巾盘花

任务一　折叠动物造型 / 013　　　任务三　折叠其他造型 / 040
任务二　折叠植物造型 / 028

062
项目三 折叠餐巾杯花

任务一　折叠动物造型 / 063　　　任务三　折叠其他造型 / 103
任务二　折叠植物造型 / 082

117
项目四 折叠餐巾环花

130
项目五 运用餐巾花

任务一　选用餐巾花 / 131　　　任务二　摆放餐巾花 / 134

参考文献 / 137

项目一

掌握餐巾折花基本技法

 项目概况

　　餐巾是餐厅中常备的一种保洁用品，又是一种装饰美化餐台的艺术品。宾客用餐时，餐巾可用来擦嘴或防止汤汁、酒水弄脏衣物；形状各异的餐巾花摆放在餐台上给人以美的享受，餐巾花型的摆放可标出正副主人的席位，突出主、宾的座次。通过本项目的学习，学生可以初步认识餐巾及餐巾花，掌握餐巾折花的基本技法。

任务一

任务一

认识餐巾及餐巾花

 任务目标

【知识目标】

1. 认识并了解餐巾及餐巾花的分类。

2. 熟悉餐巾的选用。

【技能目标】

能够根据酒店的档次及宴会的需要选择合适质地、颜色的餐巾。

【职业素养目标】

1. 养成良好的职业行为。

2. 具有良好的观察力。

 任务导入

【案例】青云酒店即将举行中式婚宴,新娘家长进入宴会厅后,发现周围环境都很喜庆,比较满意,但靠近餐桌后,发现席面上的餐巾花的颜色是白色,非常生气,马上就责备服务员。

【问题】新娘家长为什么会责备服务员呢?

【分析】中式婚宴习俗一般用红色,认为白色是不吉利的。

 必备的知识

一、认识餐巾

餐巾又称口布,是宴会酒席中用于保洁及美化餐台的方巾。其绚丽的色彩、逼真的造型有美化席面、烘托气氛的作用。

（一）餐巾的分类及特点

1. 餐巾按材料质地分类

（1）全棉和棉麻混纺餐巾

特点：吸水性能好，去污能力强，易于折叠，造型效果好；但每次洗涤后需上浆，平均寿命4～6个月。

（2）化纤餐巾

特点：颜色艳丽，富有弹性，可多次折叠造型；但吸水性与去污能力较差。

（3）维萨餐巾

特点：色彩鲜艳丰富、挺括、方便洗涤、不褪色并且经久耐用，可用2～3年，但吸水性差、价格较高。

（4）纸质餐巾

特点：一次性使用，成本较低，一般用在快餐厅和团队餐厅。

2. 餐巾按颜色分类

（1）暖色系餐巾

特点：色调柔美，能够给宾客以兴奋热烈的感觉，能够刺激宾客的食欲；暖色系餐巾常见的颜色为橘橙色、鹅黄色、红色等。

（2）中性色系餐巾

特点：色调素雅，能够给宾客以清洁卫生的感觉，能够调节宾客的视觉平衡，安抚宾客的情绪；中性色系餐巾的颜色一般为白色。

（3）冷色系餐巾

特点：色调清新，能够让宾客感到平静、舒适；冷色系餐巾常见的颜色为浅绿色、蓝色、紫色等。

3. 餐巾尺寸

餐巾的尺寸基本在40～70厘米。

（二）餐巾的选用

服务员需根据酒店的档次及宴会的性质、规模、规格、时令以及来宾的宗教信仰、风俗习惯来选择不同质地、颜色的餐巾。

（1）餐巾质地的选择

档次较高的餐厅可选择棉麻及质量较好的纸质餐巾，普通档次的餐厅可选择化纤与纸质的餐巾；自助式的宴会常采用纸质餐巾，非自助式的宴会则采用棉麻或化纤的餐巾。

（2）餐巾颜色的选择

宴会常采用暖色系的餐巾；光线柔和或环境较暗的餐厅常选用中性色系的餐巾，而光线较强或环境明亮的餐厅常选择暖色系或冷色系的餐巾。

二、认识餐巾花

餐巾花是以餐巾为载体，通过多次折叠而成的不同造型。在实际操作中，餐巾花可按照放置用具的不同和造型外观的不同进行分类。

1. 按照放置用具的不同分类

（1）杯花

餐巾花折好后，放在酒杯或水杯中，一般应用在中式餐台的布置中。

（2）盘花

餐巾花折好后，放在餐碟或餐桌上，被中西餐厅广泛使用。

（3）环花

餐巾环花通常放置在装饰盘或餐盘上，多应用于宴会摆台中。

2. 按照造型外观分类

（1）动物类造型

造型是动物的餐巾花，以鸟、鱼、昆虫类为主，这类造型取其体形相似或其特征，造型逼真。

（2）植物类造型

造型是植物的餐巾花，以花、草、树为主，造型优美，是所在造型中种类最多的一种。

（3）其他类造型

造型是具体实物的餐巾花，主要有扇子、花篮等，是模仿实物折叠而成。

 任务实施

将学生分成若干个小组，让每组学生根据指定的餐厅档次选择合适的餐巾布。

1. 活动设计

选择餐厅并配备合适的餐巾布。

2. 活动形式

以小组为单位参与，每个小组自行选择 3 种类型的餐厅，并配备合适的餐巾布，说明配置的理由。

3. 活动时间

10 分钟。

4. 活动目的

提高学生对餐巾的选择运用能力，提升小组的团队协作能力。

 效果点评

活动评价表

评价内容	标准及要求	分值	得分
仪容仪表	发型、手及指甲、服装符合酒店规范	10	
学习态度	主动、认真	30	
活动过程	积极思考、团队合作	30	
活动结果	符合实际情况	30	
总分		100	

餐巾折花的基本技法

 任务目标

【知识目标】

1. 养成良好的职业行为。

2. 了解餐巾折花的要求与要领。

3. 熟悉餐巾折花的基本操作技法。

【技能目标】

能够按照餐巾折花的基本技法和要领折叠出各种造型的餐巾花。

【职业素养目标】

1. 养成良好的职业行为。

2. 养成良好的清洁卫生操作习惯。

3. 具有良好的观察力及记忆力。

 任务导入

【案例】小冉在传菜员的岗位工作一周后转岗到维多利亚包房担任值台服务员，该包房中午将接待几位商务客人，张领班安排小冉做好包房的餐前准备工作。

经过一番忙碌，小冉完成了包房的餐前准备工作，张领班来验收其工作时，被杯中栩栩如生的餐巾花所吸引。

【问题】如何折叠出栩栩如生的餐巾花？

【分析】餐厅服务员掌握了餐巾折花的基本技法，通过灵巧的双手，折叠出千姿百态、栩栩如生的餐巾花。

 必备的知识

一、餐巾折花要求

服务员在折叠餐巾花时，需要遵守以下各项要求。

（1）服务员在折叠前需洗手消毒，并在托盘或餐盘内进行折叠。

（2）服务员需根据宴会的主题、规模、季节时令、菜色特点及宾客的宗教信仰与习惯确定餐巾折花造型。

（3）服务员在折叠过程中，不得用嘴咬住餐巾协助折叠，且需尽量一次成型，减少折叠次数。

（4）服务员在折叠完毕后，需将餐巾花放入干净的餐盘或酒杯中，注意在放置过程中，不得用手指接触盘边、杯口、杯身，以免留下指纹。

二、餐巾折花的基本技法和要领

1. 折叠

折叠是最基本的餐巾折花手法，几乎所有折花操作都会用到。即将单层的餐巾折叠成多层，形成长方形、正方形、三角形、菱形、梯形、锯齿形等形状。具体如图 1-1 所示。

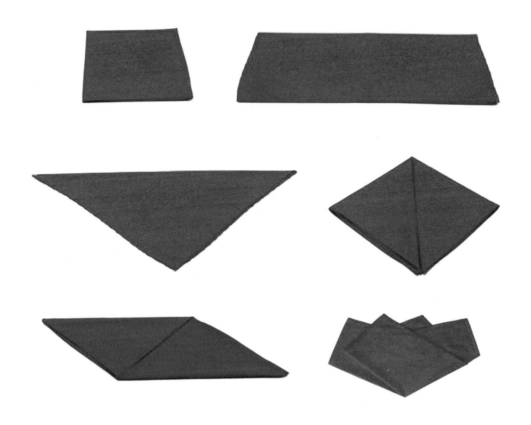

图 1-1 折叠的示意图

2. 推折

推折即打折捏褶，是打折时应用的一种手法。推折时应在干净光滑的台面或干净托盘上，用双手的拇指与食指捏住餐巾一端，两拇指相对呈一条线，指面向外，中指控制褶皱距离，同时拇指与食指推进到中指处捏褶，抽出中指，依次进行推进褶皱；不能向后拉折，一般应从中间分别向两边推折。推折分为直推折和斜推折。

直推折：直褶的两头大小一样，平行用直推折即可。具体如图 1-2（a）所示。

斜推折：斜褶一头大一头小，形似扇状，推折时用斜面推折。斜面推折时，用一手固定所折餐巾的中点不动，另一手按直推法围绕中心点沿圆弧形推折，其指法基本与直推折相同。具体如图 1-2（b）所示。

（a）直推折

（b）斜推折

图1-2　推折的示意图

3. 卷

卷是将餐巾卷成圆筒形并制出各种花型的手法，分为平行卷（直卷）和斜角卷（螺旋卷）两种。

平行卷：要求两手用力均匀，同时平行卷动，餐巾两头形状一样。具体如图1-3（a）所示。

斜角卷：要求两手能按所卷角度的大小，互相配合着卷。具体如图 1-3（b）所示。

（a）平行卷

（b）斜角卷

图1-3　卷的示意图

4. 翻

翻是将餐巾折卷或捏褶后的部位翻成所需的花样，多适用于花鸟造型的制作。操作时，将餐巾巾角向外翻折，制成花卉花瓣、叶片及鸟的头部、翅膀等形状。翻花叶时，要注意叶子对称、大小一致、距离相等。具体如图 1-4所示。

5. 拉

拉是在折花半成型时进行巾角的提拉，从而使餐巾花线条更加明显。操作时用左手握住半成型的餐巾花，用右手将需用的巾角向上或向下提拉，折成所需的形状。具体如图1-5所示。

图1-4　翻的示意图

图1-5　拉的示意图

6. 捏

　　捏主要是做鸟或折其他动物的头的造型时所使用的方法。需先将餐巾的一角拉挺做鸟的颈部，然后用一只手的大拇指、食指、中指3个指头捏住鸟颈的顶端，食指向下，将巾角尖端向里压下，用中指与大拇指将压下的巾角捏出尖嘴状做鸟头。具体如图 1-6 所示。

图1-6　捏的示意图

7. 穿

　　穿是指用工具从餐巾的夹层折缝中边穿边收，形成皱褶，使造型更加逼真、美观的一种手法。操作时先将餐巾打褶，再将筷子的细头穿进餐巾的夹层折缝中，然后用拇指与食指往里拉餐巾，把筷子穿过去，并挤压褶皱；穿好后，将折花插入杯内并抽出筷子，以保证褶皱的形状。具体过程如图 1-7 所示。

8. 掰

　　掰主要用于分出餐巾褶皱的层次，即用右手依照顺序一层一层将餐巾掰出间距均匀的层次。在掰的过程中，不要太用力，以免折花松散，具体如图 1-8 所示。

图1-7　穿的示意图

图1-8　掰的示意图

项目总结

　　通过本项目的学习，学生初步认识了餐巾及餐巾花，基本掌握了餐巾折花的基本技法，能用所学的基本技法独立完成餐巾花造型的折叠。

 任务实施

　　将学生分成若干个小组，以小组为单位练习所学餐巾折花的基本操作技法。

1. 活动设计

　　用所学的餐巾折花基本技法完成指定的餐巾花造型。

2. 活动形式

　　以小组为单位参与比赛，评比哪个小组成员折叠餐巾花又快又美观，并说出所折餐巾花用了哪些基本手法。

3. 活动时间

　　10 分钟。

4. 活动目的

　　加深学生对餐巾折花基本手法的运用，熟练掌握各种折花技法，培养小组学生之间互相学习、互相帮助能力，提升小组的团队协作能力。

 效果点评

活动评价表

评价内容	标准及要求	分值	得分
手法	折叠时一次叠成	10	
	推折的褶皱均匀整齐	10	
	卷时用力均匀，卷紧、卷挺	10	
	翻时注意大小适宜、左右对称、自然美观	10	
	拉时左右前后大小适当，距离对称	10	
	捏时棱角分明，头顶角、嘴尖角到位	10	
	穿好的褶皱要平、直、细小、均匀	10	

续表

评价内容	标准及要求	分值	得分
花型	餐巾花造型美观、逼真、挺括	10	
操作卫生	操作手法卫生，不用嘴叼咬、下巴按，手不触及杯口和杯的上部	10	
美感	操作姿势优美、自然	5	
速度	在规定时间内完成	5	
总分		100	

项目二

折叠餐巾盘花

 项目概况

　　折叠餐巾盘花是将折叠好的餐巾花直接放在餐盘中或台面上。盘花的特点是手法卫生简捷，可以提前折叠，便于储存，打开后平整；由于其简洁大方、美观实用的特点，目前被中西餐厅广泛使用。通过本项目的学习，学生可以认识餐巾盘花，掌握餐巾盘花的折叠方法。

任务一

折叠动物造型

任务目标

【知识目标】

熟悉动物造型盘花的折叠方法。

【技能目标】

训练学生的实际动手操作能力，掌握折叠动物造型盘花的技能技巧。

【职业素养目标】

1. 培养学生合作交流意识和团队精神。

2. 养成良好的行为习惯、端正的工作态度和认真负责的服务意识。

3. 陶冶学生热爱生活、美化生活的情操。

4. 培养学生具有良好的观察力、记忆力和动手能力。

任务导入

【案例】一次宴会上，宾客小王落座后，将餐巾布打开放在腿上；在用餐过程中，他用餐巾擦拭嘴角和手上的油；离席时，随手将脏的餐巾布放在桌上，然后起身离开。

【问题】请问，小王在使用餐巾布时有没有失误？

【分析】餐巾是餐饮服务中的保洁和装饰用品，主要防止汤汁、酒水弄脏衣物，同时美化餐台，离席时可稍整理餐巾再离开。

必备的知识

1. 同舟共济

　　操作步骤：

　　a. 将餐巾从上到下对折，再从左到右对折，折叠成正方形；

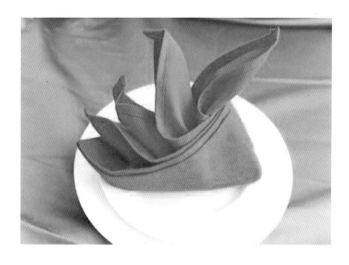

b. 四片巾角朝下，向上翻折成三角形；

c. 将三角形两边向内对折于中线，并把底部突出部分反折于背面；

d. 把新三角形在反面对折；

e. 先拉出其中一巾角向背后，再拉出另外三个巾角，中间的两巾角做鸟头；

f. 整理好造型，放入盘内。

具体步骤如图 2-1 所示。

（a） （b） （c）

（d） （e） （f）

图 2-1 同舟共济

2. 独鸟行舟

操作步骤：

a. 将餐巾从上到下对折，再从左到右对折，折叠成正方形；

b. 将两层巾角向上对折，再将另两层巾角向背面对折，形成三角形；

c. 将三角形两边向内对折于中线，并把底部突出部分反折于背面；

d. 把新三角形在反面对折；

e. 拉出船形内侧两巾角做鸟的头尾；

f. 放入盘内，整理好造型。

具体步骤如图 2-2 所示。

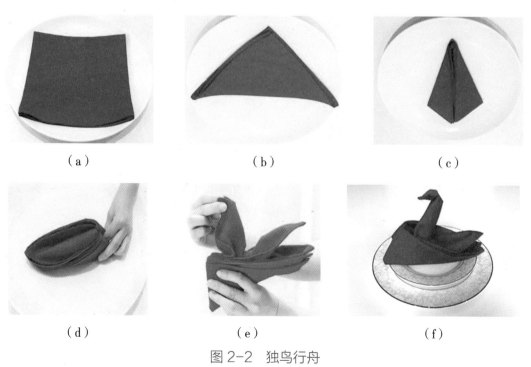

（a）　　　　　　　　（b）　　　　　　　　（c）

（d）　　　　　　　　（e）　　　　　　　　（f）

图 2-2　独鸟行舟

3. 热带幼鱼

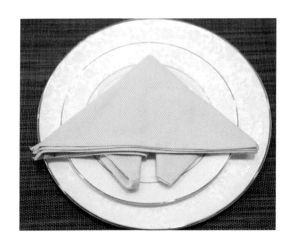

操作步骤:

a. 将餐巾从上到下对折,再从左到右对折,折叠成为正方形;

b. 再将底边向顶边对折成长方形;

c. 将右边向内拉折成三角形;

d. 将左边向内拉折成三角形;

e. 将下层左边、右边的小三角形向尖角折叠;

f. 整理好造型,放入盘中。

具体步骤如图 2-3 所示。

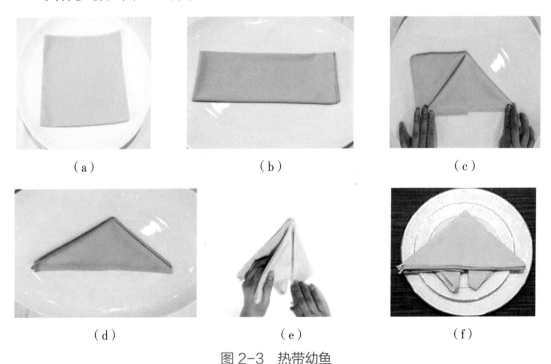

图 2-3　热带幼鱼

4. 东海鱿鱼

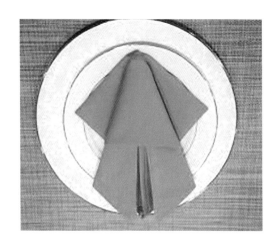

操作步骤:

a. 将餐巾呈正方形摆放,从上下两边向中心线折叠成长方形;

b. 从左右两边向中心线折叠;

c. 将四个角分别拉出;

d. 将餐巾沿中心线对折,使四个尖角两两重合;

e. 将底边左右两角分别向中心线折叠成三角形;

f. 翻转餐巾;

g. 将左右两边分别向中心线折叠;

h. 将餐巾翻转过来,整理好造型,放入盘内。

具体步骤如图 2-4 所示。

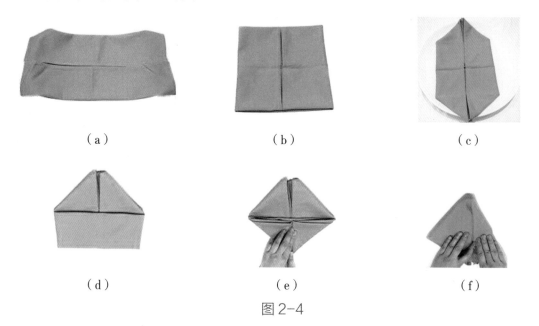

图 2-4

（g）

（h）

图 2-4　东海鱿鱼

5. 寿龟

M2-1 寿龟

操作步骤：

a. 将餐巾的四个巾角向中心折叠成正方形；

b. 翻一面，呈菱形摆放，将底角、左角、右角向中心点折叠；

c. 上部两边向中心线折叠；

d. 下部两边向中心线折叠；

e. 下部向上折叠；

f. 下部再向上折叠；

g. 将四个角向外拉开；

h. 整理好造型，放入盘内。

具体步骤如图 2-5 所示。

（a）

（b）

（c）

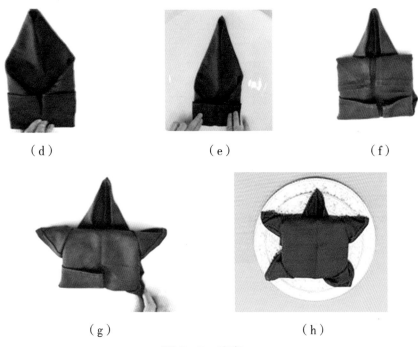

（d）　　　　　　　　（e）　　　　　　　　（f）

（g）　　　　　　　　　　　（h）

图2-5　寿龟

6. 企鹅迎宾

操作步骤：

a. 将餐巾呈菱形摆放，对角向上折叠成三角形；

b. 将左右两角折至顶角成一小正方形，呈菱形摆放；

c. 将左右两边向中心折叠，并将顶部角全部向后折；

d. 将此餐巾相向对折后立起，拉出鸟头和鸟尾；

e. 整理好造型，放入盘内。

具体步骤如图2-6所示。

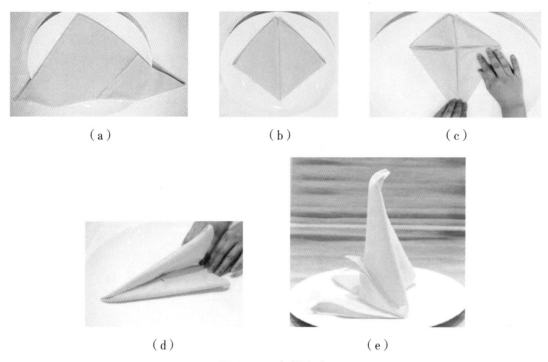

（a）　　　　　　　　（b）　　　　　　　　（c）

（d）　　　　　　　　　　（e）

图 2-6　企鹅迎宾

7. 蝉鸣

操作步骤：

a. 将餐巾呈菱形摆放，对角向上折叠成三角形；

b. 将左右两角折至顶角成一小正方形，呈菱形摆放；

c. 上边两角分别向下折叠；

d. 上边两层分层次向下折叠；

e. 将整个造型翻转过来，然后左右两边向内折叠；

f. 再翻转过来，整理好造型，放入盘内。

具体步骤如图 2-7 所示。

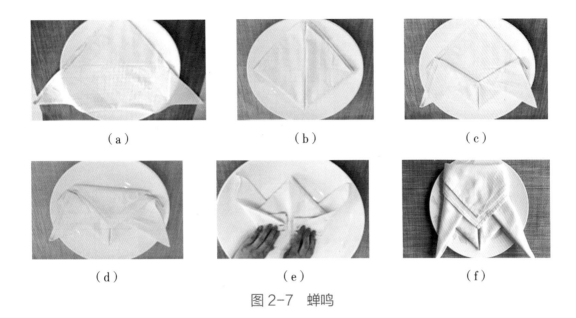

| （a） | （b） | （c） |
| （d） | （e） | （f） |

图 2-7 蝉鸣

8. 可爱小兔

操作步骤：

a. 把餐巾的上下边分别向中心线折叠；

b. 再把餐巾的下边向上折叠；

c. 沿中心线把右端向下折叠，再把剩下的边角向上折叠；

d. 沿中心线把左端向下折叠，剩下的边角向上折叠，成为一个菱形；

e. 将左下和右下边向中心线折叠，再将顶部剩余部分向背后折叠；

f. 沿中心线对折，把一侧的下角插入另一侧的夹层里；

g. 撑开成圆形，整理好造型，放入盘中。

具体步骤如图 2-8 所示。

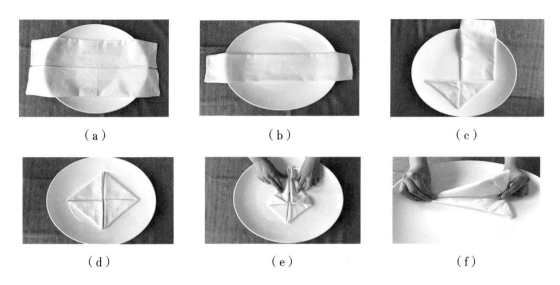

（a）　　　　　　　　（b）　　　　　　　　（c）

（d）　　　　　　　　（e）　　　　　　　　（f）

（g）

图 2-8　可爱小兔

9. 金牛

M2-2 金牛

操作步骤：

a. 将餐巾下边向上边折叠；

b.将餐巾左右两侧斜向中心卷；

c.翻转餐巾，下部向上折叠；

d.上部两侧斜向两边折叠；

e.放入盘中，整理好造型。

具体步骤如图 2-9 所示。

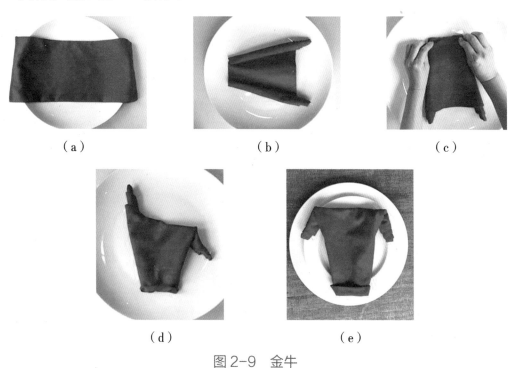

（a）　　　　　　　　（b）　　　　　　　　（c）

（d）　　　　　　　　（e）

图 2-9　金牛

10. 对鸡比美

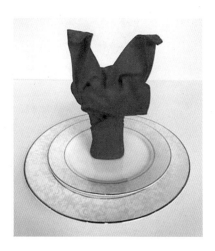

操作步骤：

a.将餐巾下边向上边对折为长方形；

b. 将餐巾底部两侧向中心线折叠；

c. 打开上部夹层，使餐巾呈正方形；

d. 将餐巾呈菱形摆放，左右两侧向中心线折叠，再将底角向上折叠；

e. 翻转餐巾，将两侧巾角对折，并将一侧巾角插入另一侧巾角夹层内；

f. 将两侧巾角翻下做鸡翅膀，再将中间两巾角分别捏成鸡头形状；

g. 放入盘中，整理好造型。

具体步骤如图 2-10 所示。

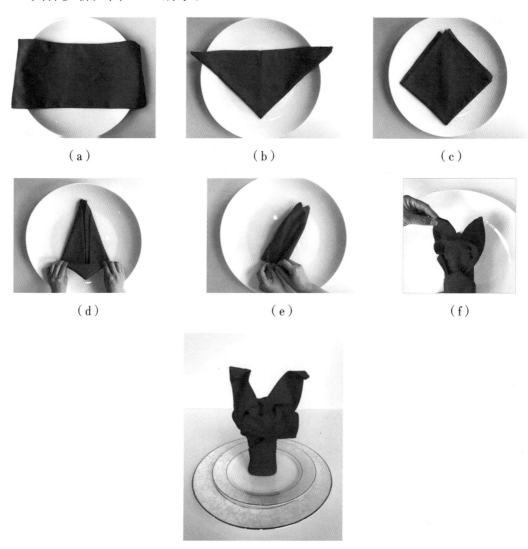

图 2-10　对鸡比美

11. 赤贝鸟

操作步骤：

a. 将餐巾从上到下对折，再从左到右对折，成为正方形，呈菱形摆放；

b. 四片巾角朝上，将餐巾左右两侧向中心线折叠，并将底角向上折；

c. 翻转餐巾，将两侧巾角对折，并将一侧巾角插入另一侧巾角夹层内；

d. 将内层巾角拉出做鸟头，剩下的巾角依次翻下；

e. 整理好造型，放入盘内。

具体步骤如图 2-11 所示。

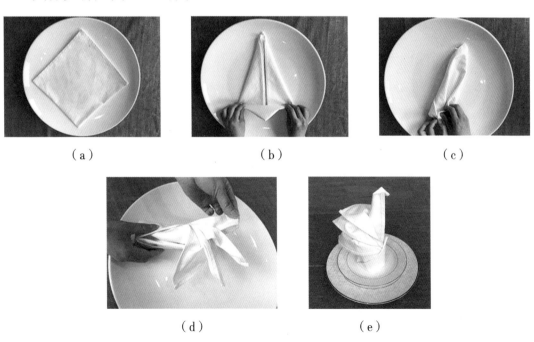

（a）　　　　　　　　　（b）　　　　　　　　　（c）

（d）　　　　　　　（e）

图 2-11　赤贝鸟

12. 蝴蝶纷飞

操作步骤：

a. 将餐巾上下边向中心线对折，再把餐巾翻过来对折，使餐巾边朝外呈长条形；

b. 将长条的两端向中线对折两次后呈左右各三层，且使餐巾边位于最上层；

c. 将上层向相反的方向卷曲形成圆锥形，并使它们交会于底边的一点；

d. 整理好造型，放入盘内。

具体步骤如图 2-12 所示。

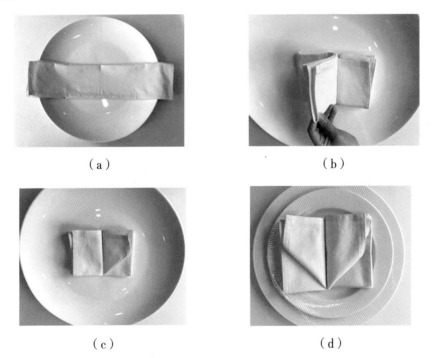

（a）　　　　　　　　　　　（b）

（c）　　　　　　　　　　　（d）

图 2-12　蝴蝶纷飞

任务实施

1.活动设计

将学生分成若干个小组，进行小组餐巾折花竞赛。

2.活动形式

（1）以小组为单位，运用餐巾折花的基本手法在规定时间内（5 分钟）折出 5 种盘花。

（2）每组折好后将折花放到指定的餐桌前，分类摆好。

（3）评出用时最短、餐巾花造型最美观的小组，予以口头表扬，并对本次教学活动进行评价（小组互评、评委团代表点评，最后由教师点评）。

3.活动时间

10 分钟。

4.活动目的

加深学生对动物造型盘花折叠方法的记忆，训练实际动手操作能力，培养小组的团队协作能力。

 效果点评

活动评价表

评价内容	标准及要求	分值	得分
操作卫生	操作时不用嘴叼咬，注意卫生	10	
花型难度	根据所折花型难度大小打分	5	
花型名称	取名与实际花型相符合	10	
基本技法	折花所用技法符合操作规范	50	
报出技法	能准确报出操作过程中所使用的每一种技法	10	
总体效果	操作精细，动作优美，作品美观	10	
速度	在规定时间内完成	5	
总分		100	

任务二

折叠植物造型

 任务目标

【知识目标】

熟悉植物造型盘花的折叠方法。

【技能目标】

训练学生的实际动手操作能力，掌握折叠植物造型盘花的技能技巧。

【职业素养目标】

1. 培养学生合作交流意识和团队精神。

2. 养成良好的行为习惯、端正的工作态度和认真负责的服务意识。

3. 陶冶学生热爱生活、美化生活的情操。

4. 培养学生具有良好的观察力、记忆力、动手能力。

 任务导入

【案例】青云酒店，华美集团宴请日本合作商，服务员小王精心布置了餐厅包间，并折叠荷花作为餐巾花，日本宾客到了餐桌旁看到餐桌上的布置，却愤然离去。

【问题】为什么客人会气愤地离去？

【分析】在布置餐厅时，要了解客人的宗教信仰和风俗习惯。日本客人认为荷花是不洁之花，忌用于日常生活。

 必备的知识

1. 常青树

操作步骤：

a. 将餐巾从上到下对折，再从左到右对折，折叠成为正方形；

b. 将餐巾呈菱形摆放，使四片巾角朝下，将上面两层巾角向上对折；

c. 翻转餐巾，将剩余两层巾角做同样翻折，呈等腰直角三角形；

d. 将左右两个角向中间折叠；

e. 将一个角插入另一个角中固定，并整理成圆底，然后把各层向外拉出；

f. 整理好造型，放入盘内。

具体步骤如图 2-13 所示。

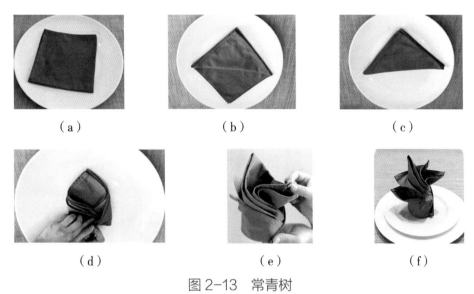

（a）　　　　　　　　（b）　　　　　　　　（c）

（d）　　　　　　　　（e）　　　　　　　　（f）

图 2-13　常青树

2. 竹笋

操作步骤:

a. 将餐巾从上到下对折,再从左到右对折,折叠成为正方形;

b. 将餐巾呈菱形摆放,使四片巾角朝下,将四片巾角一层层向上折叠;

c. 翻转,将左角向右侧折叠;

d. 右角向左侧折叠,并插入左侧夹层固定;

e. 将底部撑开并形成圆筒状,依次拉下四片巾角;

f. 整理好造型,放入盘内。

具体步骤如图 2-14 所示。

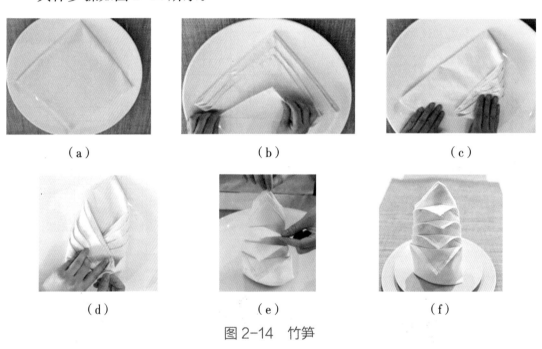

（a）　　　　　　　　（b）　　　　　　　　（c）

（d）　　　　　　　　（e）　　　　　　　　（f）

图 2-14　竹笋

3. 梅花玉树

操作步骤：

a. 将餐巾呈菱形摆放，两巾角向中间对折，注意对称；

b. 将中间两巾角向上拉成三角形；

c. 底角向上折至与中间两巾角对齐；

d. 将底边向上对折；

e. 底边折成圆，对拢插好；

f. 将三个巾角翻出，整理好造型，放入盘内。

具体步骤如图 2-15 所示。

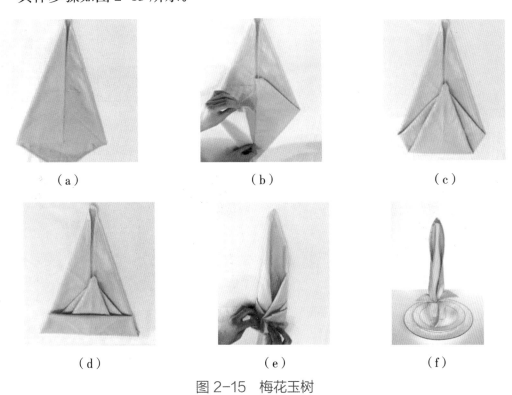

（a） （b） （c）

（d） （e） （f）

图 2-15 梅花玉树

4. 宝石花

操作步骤：

a. 将餐巾呈正方形摆放，从上下两边向中心线折叠成长方形；

b. 再向背面对折成长条形；

c. 采用推折的折叠方法，均匀折叠成 4 个褶皱；

d. 左手握住餐巾的下半部分，右手将餐巾两个叠层的折角部位各自分别向下翻折；

e. 撑开呈扇形，放入盘内。

具体步骤如图 2-16 所示。

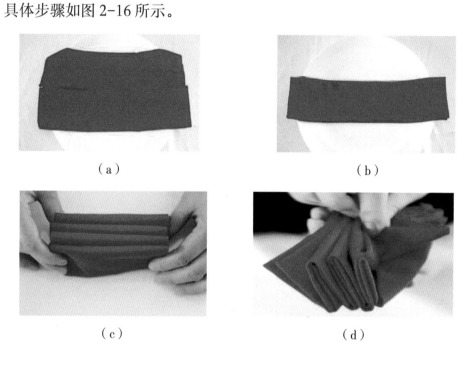

（a）

（b）

（c）

（d）

（e）

图 2-16　宝石花

5. 蓓蕾初放

操作步骤：

a. 将餐巾呈菱形摆放，底角向顶角错位对折；

b. 从下向上卷；

c. 再从左向右卷；

d. 右侧插入夹层；

e. 上层两巾角向下翻，上下翻转，中部拉出，整理好造型，放入盘内。

具体步骤如图 2-17 所示。

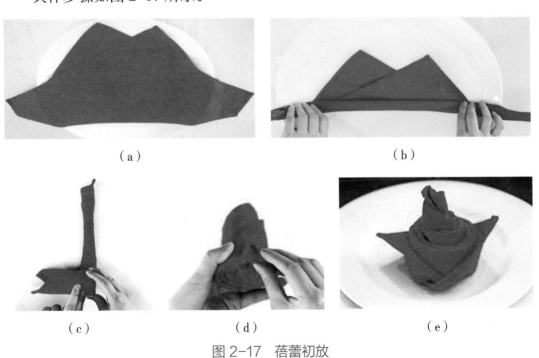

（a）　　　　　　　　　　　　　（b）

（c）　　　　　（d）　　　　　（e）

图 2-17　蓓蕾初放

6. 出水芙蓉

操作步骤:

a. 将餐巾的四个巾角向中心折叠成正方形;

b. 将正方形四个角再向中心折叠成正方形;

c. 翻过来,将四个角再向中间折成正方形;

d. 把最下面的一层向上拉出;

e. 整理好造型,放入盘内。

具体步骤如图 2-18 所示。

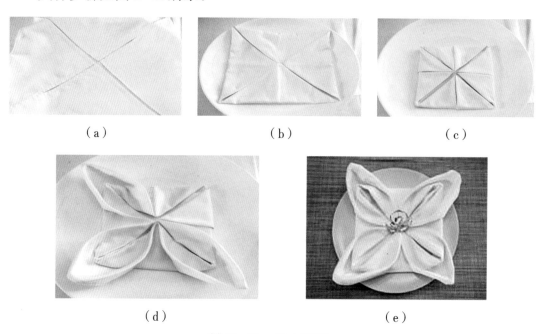

（a）　　　　　　（b）　　　　　　（c）

（d）　　　　　　（e）

图 2-18　出水芙蓉

7. 香蕉

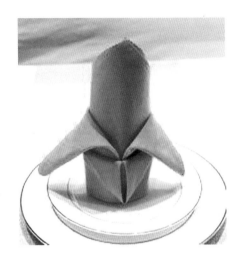

操作步骤：

a. 将餐巾反面朝上，呈菱形摆放，对角向上折叠成三角形；

b. 将左右两角折至顶角成一小正方形，呈菱形摆放；

c. 将底角折至约达到此正方形的一半；

d. 再反折至底边；

e. 将两侧角反折于背面，把其中一个角塞入另一角内；

f. 撑开成型，把上面两个松散的角拉出，突出于两边，整理好造型并放入盘内。

具体步骤如图 2-19 所示。

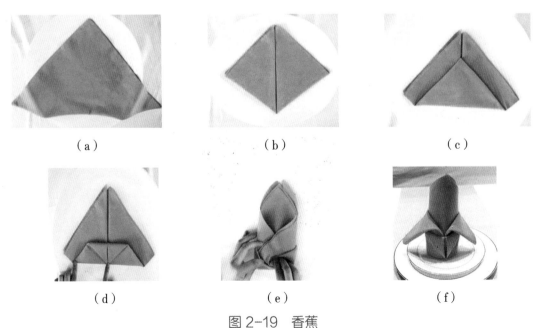

|（a）|（b）|（c）|
|（d）|（e）|（f）|

图 2-19　香蕉

8. 法国百合花

操作步骤：

a. 将餐巾呈菱形摆放，对角向上折叠成三角形；

b. 将左右两角折至顶角成一小正方形，呈菱形摆放；

c. 将底角折至约达到此正方形的一半处，并反折至底边；

d. 将两侧角反折于背面，把其中一个角塞入另一角内；

e. 将左右两边松散的角扳下来，插进下边的环中；

f. 整理好造型，放入盘内。

具体步骤如图 2-20 所示。

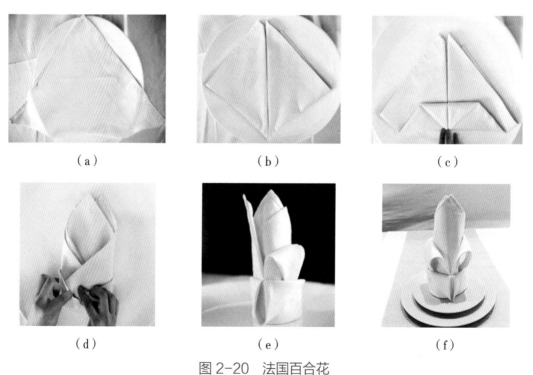

（a）　　　　　　（b）　　　　　　（c）

（d）　　　　　　（e）　　　　　　（f）

图 2-20　法国百合花

9. 梅花盛开

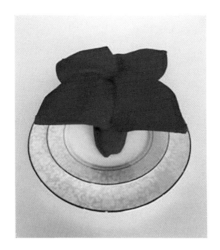

操作步骤:

a. 将餐巾下边向上边对折为长方形;

b. 将餐巾底部两侧向中心线折叠;

c. 打开上部夹层,使餐巾呈正方形;

d. 将餐巾呈菱形摆放,左右两侧向中心线折叠,再将底角向上折叠;

e. 翻转餐巾,将两侧巾角对折,并将一侧巾角插入另一侧巾角夹层内;

f. 翻开四个巾角做花瓣;

g. 整理好造型,放入盘中。

具体步骤如图 2-21 所示。

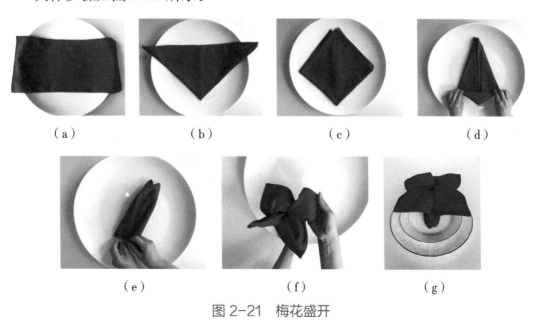

（a）　　　　　　（b）　　　　　　（c）　　　　　　（d）

（e）　　　　　　（f）　　　　　　（g）

图 2-21　梅花盛开

10.四叶荷花

操作步骤：

a.将餐巾从上到下对折，再从左到右对折，成为正方形，呈菱形摆放；

b.四片巾角朝上，将餐巾左右两侧向中心线折叠，并将底角向上折；

c.翻转餐巾，将两侧巾角对折，并将一侧巾角插入另一侧巾角夹层内；

d.将四片巾角拉成荷叶状；

e.整理好造型，放入盘内。

具体步骤如图 2-22 所示。

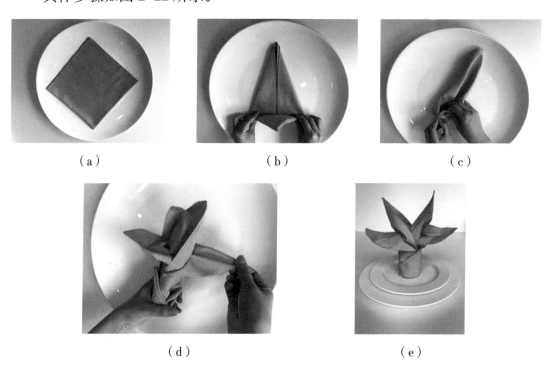

（a）　　　　　　　　（b）　　　　　　　　（c）

（d）　　　　　　　　（e）

图 2-22　四叶荷花

任务实施

1. 活动设计

将学生分成若干个小组，进行小组餐巾折花竞赛。

2. 活动形式

（1）以小组为单位，运用餐巾折花的基本手法在规定时间内（5 分钟）折出 5 种盘花。

（2）每组折好后将折花放到指定的餐桌前，分类摆好。

（3）评出用时最短、餐巾花造型最美观的小组，予以口头表扬，并对本次教学活动进行评价（小组互评、评委团代表点评，最后由教师点评）。

3. 活动时间

10 分钟。

4. 活动目的

加深学生对植物造型盘花折叠方法的记忆，训练实际动手操作能力，培养小组的团队协作能力。

 效果点评

活动评价表

评价内容	标准及要求	分值	得分
操作卫生	操作时不用嘴叼咬，注意卫生	10	
花型难度	根据所折花型难度大小打分	5	
花型名称	取名与实际花型相符合	10	
基本技法	折花所用技法符合操作规范	50	
报出技法	能准确报出操作过程中所使用的每一种技法	10	
总体效果	操作精细，动作优美，作品美观	10	
速度	在规定时间内完成	5	
总分		100	

折叠其他造型

 任务目标

【知识目标】

熟悉其他造型盘花的折叠方法。

【技能目标】

训练学生的实际动手操作能力，掌握折叠其他造型盘花的技能技巧。

【职业素养目标】

1. 培养学生合作交流意识和团队精神。

2. 养成良好的行为习惯、端正的工作态度和认真负责的服务意识。

3. 陶冶学生热爱生活、美化生活的情操。

4. 培养学生具有良好的观察力、记忆力、动手能力。

 任务导入

【案例】某酒店接受了 10 桌寿宴的预订。如果你是寿宴设计人员，你会选择盘花还是杯花？还有，会选择哪些花型？

【问题】如果你是服务员，你会选择盘花还是杯花，会选择哪些花型？

【分析】宴会应该选择简单、可提前准备的盘花，同时根据规模、主题、时节等选择色彩和花型。

 必备的知识

1. 王冠

操作步骤：

a. 将餐巾反面朝上，由上向下对折为长方形；

b. 将左上角与右下角相对向中线翻折，成为平行四边形；

c. 翻转餐巾，将顶边向下翻折与底边重合；

d. 将左右巾角分正反面插入夹层；

e. 撑开成型，放入盘内。

具体操作如图 2-23 所示。

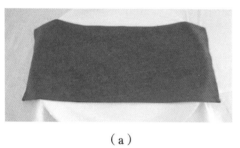

（a）

（b）

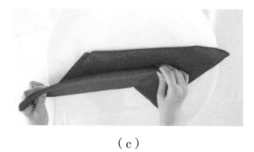

（c）

（d）

（e）

图 2-23　王冠

2. 一帆风顺

操作步骤：

a. 将餐巾从上到下对折，再从左到右对折，折叠成正方形；

b. 四片巾角朝下，向上翻折成三角形；

c. 将三角形两边向内对折于中线，并把底部突出部分反折于背面；

d. 把新三角形在反面对折；

e. 从中间拉出餐巾的四个巾角，形成帆状；

f. 整理好造型，放入盘中。

具体步骤如图 2-24 所示。

（a）　　　　　　　　　（b）　　　　　　　　　（c）

（d）　　　　　　　　　（e）　　　　　　　　　（f）

图 2-24　一帆风顺

3.领带

操作步骤：

a. 将餐巾从上到下对折，再从左到右对折，折叠成为正方形；

b. 将四片巾角向下，呈菱形摆放，将底部四片巾角向上折叠；

c. 将左角向右边折叠，右角向左边折叠；

d. 翻转餐巾，整理好造型后放入盘内。

具体步骤如图 2-25 所示。

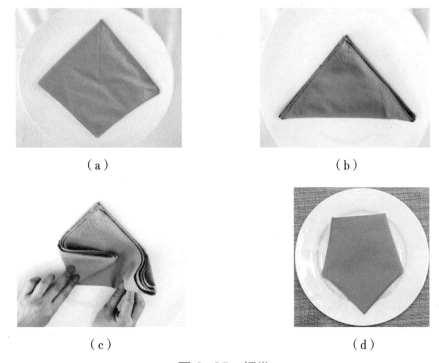

（a）　　　　　　　　　　　　　（b）

（c）　　　　　　　　　　　　　（d）

图 2-25　领带

4. 风车

M2-4 风车

操作步骤:

a. 将餐巾的四个巾角向中心折叠成正方形;

b. 把上边、下边向内折叠至中线位置;

c. 把长方形的上端、下端分别折叠至中线处;

d. 从里边向左右分别拉出一个角;

e. 把右上角向上翻折,左下角向下翻折;

f. 整理好造型,放入盘内。

具体步骤如图 2-26 所示。

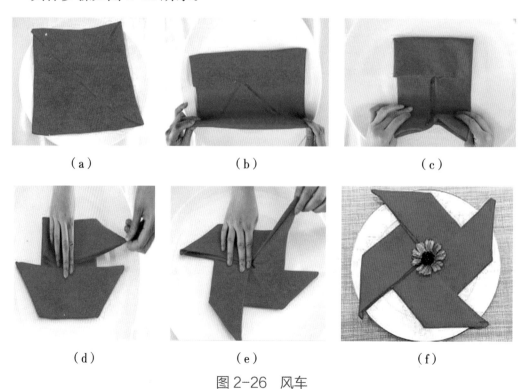

（a）　　　　　　　　（b）　　　　　　　　（c）

（d）　　　　　　　　（e）　　　　　　　　（f）

图 2-26　风车

5. 餐具插架

M2-5 餐具
插架

操作步骤：

a. 将餐巾从上到下对折，再从左到右对折，折叠成为正方形；

b. 将最上一层的巾角向上翻折至中线处，再沿中线处向上翻折；

c. 将第二层巾角插入夹层中，且底边与最上层的底边相距 3 厘米，并使底层两角位于右上方；

d. 左侧向后折叠，将右侧剩下部分折叠至右边对齐；

e. 整理好造型，放入盘内，插入餐具。

具体步骤如图 2-27 所示。

（a）　　　　　　　　　（b）　　　　　　　　　（c）

（d）　　　　　　　　　（e）

图 2-27　餐具插架

6. 挪威冰川

操作步骤：

a. 将餐巾从上到下对折，再从左到右对折，折叠成为正方形；

b. 将四片巾角向下，呈菱形摆放，将第一片巾角向上折叠，再向下折叠；

c. 再将第一片巾角向上折叠，再向下折叠，再向上折叠，使这四个褶皱均匀；

d. 按住褶皱，翻转餐巾，将餐巾从右边向左边对折；

e. 将上角向中间折叠，下角向中间折叠，并插入夹层中；

f. 将底部撑开呈圆筒状，放入盘内。

具体步骤如图 2-28 所示。

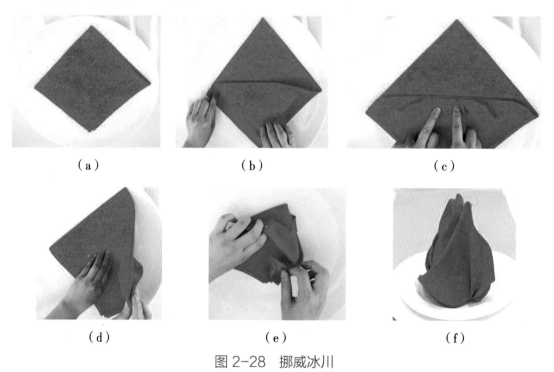

（a）　　　　　　　（b）　　　　　　　（c）

（d）　　　　　　　（e）　　　　　　　（f）

图 2-28　挪威冰川

7. 翻领衬衣

M2-6 翻领
衬衣

操作步骤：

a. 将餐巾反面朝上，呈菱形摆放，对角向上折叠成三角形；

b. 将左右两角折至顶角成一小正方形，呈菱形摆放；

c. 将此时的正方形向后翻折成小三角形；

d. 把两底角在底边的三分之一处也向背面反折；

e. 将餐巾翻转，并翻出衣领；

f. 整理好造型并放入盘内。

具体步骤如图 2-29 所示。

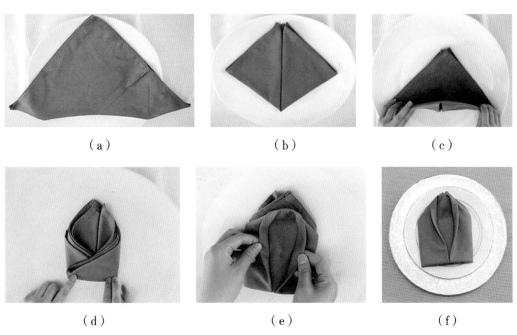

图 2-29　翻领衬衣

8. 和服

操作步骤：

a.将餐巾反面朝上，呈菱形摆放，对角向上折叠成三角形；

b.将底边向上折约五分之一；

c.翻过来，一角向下折；

d.另一角也向下折，两条交错对称成衣领装；

e.翻过来，将左右两边向背后折；

f.再向背后折上底角，插入褶皱中；

g.整理好造型，放入盘中。

具体步骤如图 2-30 所示。

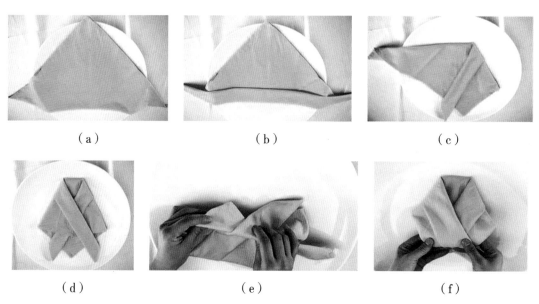

| （a） | （b） | （c） |

| （d） | （e） | （f） |

（g）

图 2-30　和服

9.乘风破浪

M2-7 乘风
破浪

操作步骤：

a. 将餐巾呈菱形摆放，对角向上折叠成三角形；

b. 再从右边向左边对折成三角形；

c. 将一角向顶角处折叠；

d. 再对折，再折成三角形；

e. 从夹层中往外翻；

f. 整理好造型，放入盘内。

具体步骤如图 2-31 所示。

（a）

（b）

（c）

图 2-31

（d）

（e）

（f）

图2-31　乘风破浪

10.三角篷

操作步骤：

a. 将餐巾反面朝上，呈菱形摆放，对角向上折叠成三角形；

b. 将左右两角折至顶角成一小正方形，呈菱形摆放；

c. 将此时的正方形向后翻折，成小三角形；

d. 沿中心线左右对折，放入盘内，整理好造型。

具体步骤如图2-32所示。

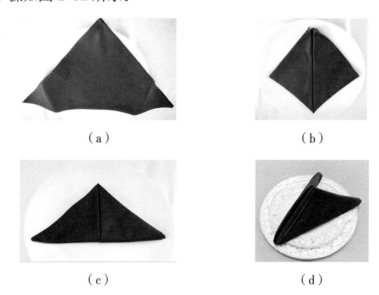

（a）

（b）

（c）

（d）

图2-32　三角篷

11. 生日蜡烛

操作步骤：

a. 将餐巾呈菱形摆放，对角向上折叠成三角形；

b. 将底边向上折叠约 3 厘米；

c. 将餐巾翻转并旋转 90°，从下边开始向上卷；

d. 卷成筒状，固定好底边；

e. 将蜡烛头处理好；

f. 整理好造型，立于盘中。

具体步骤如图 2-33 所示。

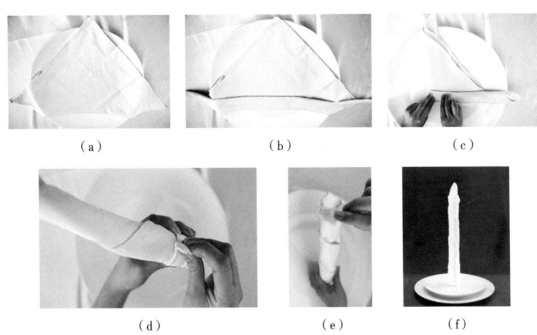

图 2-33　生日蜡烛

12. 星星烛光

M2-8 星星
烛光

操作步骤：

a. 将餐巾反面朝上，呈菱形摆放，对角向上折叠成三角形，然后再将顶端向下折；

b. 从上向下折两折；

c. 把长条的左边向上折起；

d. 然后向右卷，把尾端塞进底部藏好；

e. 整理好造型，立于盘中。

具体步骤如图 2-34 所示。

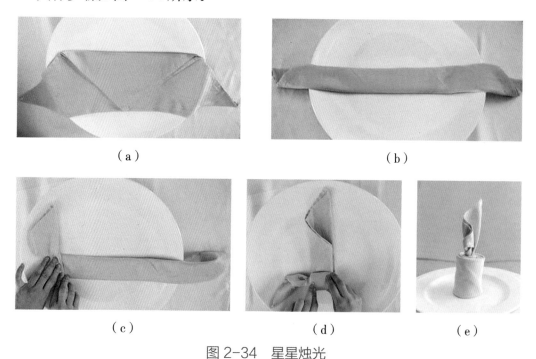

（a）　　　　　　　　　　　　（b）

（c）　　　　　　（d）　　　　　　（e）

图 2-34　星星烛光

13. 泛舟湖上

操作步骤：

a. 将餐巾反面朝上，呈菱形摆放，对角向上折叠成三角形；

b. 从左右两侧向中线平行卷；

c. 卷成如图 2-35（c）所示的形状；

d. 将尖端向后翻折；

e. 将最外面的一层向后拉出来；

f. 整理好造型，放入盘内。

具体步骤如图 2-35 所示。

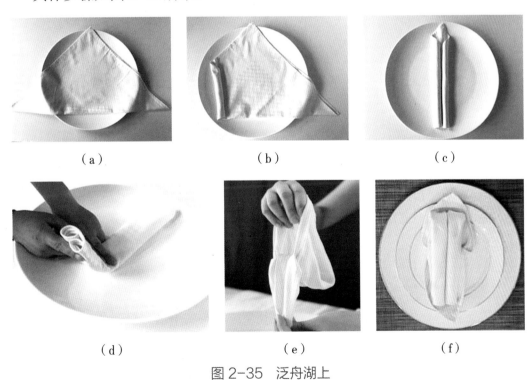

（a） （b） （c）

（d） （e） （f）

图 2-35 泛舟湖上

14. 牛角帽

操作步骤：

a. 将餐巾对角向上折叠成三角形，再将左右两角折至顶角成一小正方形，并呈菱形摆放；

b. 上边两角分别向下折叠；

c. 顶部尖角向下折叠；

d. 翻转餐巾，左右两边向中心折叠；

e. 底部尖角由背面向上折叠；

f. 将顶部尖角向下折叠塞进夹层中，整理好造型，放入盘内。

具体步骤如图 2-36 所示。

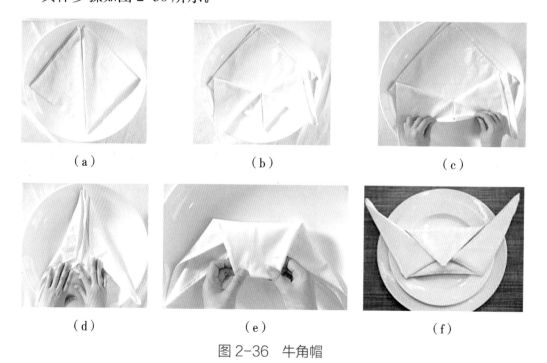

（a）   （b）   （c）

（d）   （e）   （f）

图 2-36　牛角帽

15. 如意信封

操作步骤：

a. 将餐巾下边向上折叠至餐巾的三分之二处，再将餐巾上边向下折叠，与底边对齐；

b. 将上层餐巾向上折叠约 3 厘米，顺着此褶皱再向上折叠，与前一褶皱大小一致；

c. 翻转餐巾，从左边约四分之一处向右折叠，顺着此褶皱再向右折叠，从右边约四分之一处向左折叠，再顺着此褶皱再向左折叠；

d. 将餐巾对折，开口方向朝下；

e. 将右边、左边夹层分别向两边拉，直至呈菱形，塞进中间的夹层；

f. 整理好造型，放入盘内。

具体步骤如图 2-37 所示。

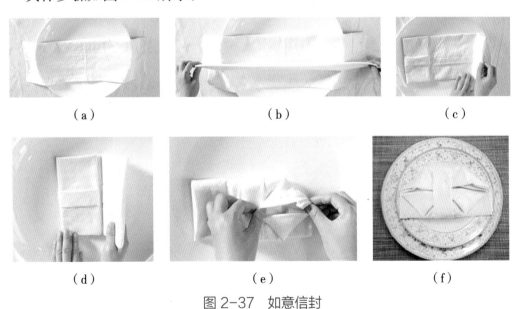

（a）　　　　　　　　　（b）　　　　　　　　　（c）

（d）　　　　　　　　　（e）　　　　　　　　　（f）

图 2-37　如意信封

16. 情人结

操作步骤：

a. 将餐巾底边向上对折，与顶边对齐，成为长方形；

b. 从约四分之一处将上下巾分别向中间对折；

c. 再次沿中线对折；

d. 将长条的右端从约五分之二处向下垂直折叠；

e. 将长条的左端从后边向下垂直折叠；

f. 再把较长的左端向后折叠，并压在最上面；

g. 整理好造型，放入盘内。

具体步骤如图 2-38 所示。

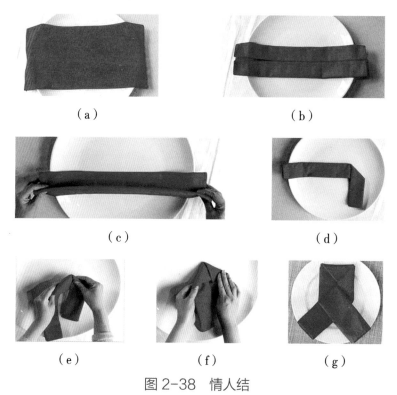

（a）　　　　　（b）

（c）　　　　　（d）

（e）　　　（f）　　　（g）

图 2-38　情人结

17. 东方折扇

操作步骤：

a. 将餐巾对折成为长方形；

b. 自短边沿长轴方向均匀推折至约三分之二处；

c. 按住褶皱，从右边向左边对折；

d. 将剩余的没有褶皱的一端以 45°向下折叠；

e. 再将多余的部分向背面折叠，使之站立支撑前面的扇形；

f. 撑开成扇形的造型，立于盘中。

具体步骤如图 2-39 所示。

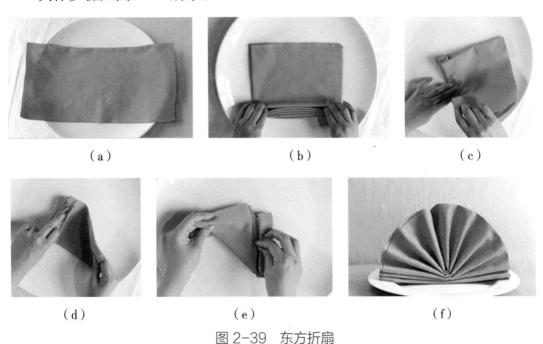

（a） （b） （c）

（d） （e） （f）

图 2-39 东方折扇

18. 圣诞靴子

M2-9 圣诞
靴子

操作步骤:

a. 将餐巾上下边向中心线对折,之后再对折;

b. 将餐巾左右两边沿中心线向上折叠;

c. 再将餐巾左右两边沿中心线折叠;

d. 将上下两边对折;

e. 右边上层向左上方折叠;

f. 折下右边小角;

g. 右边向左折叠,穿进缝中;

h. 整理好造型,放入盘内。

具体步骤如图 2-40 所示。

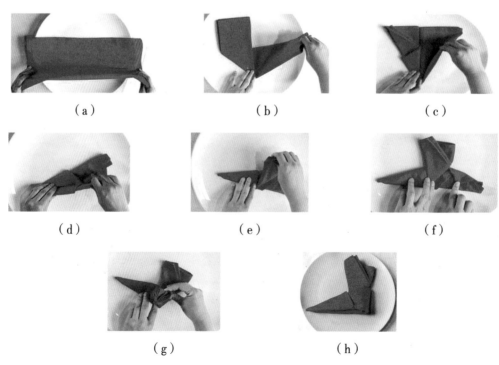

（a）　　　　　　（b）　　　　　　（c）

（d）　　　　　　（e）　　　　　　（f）

（g）　　　　　　（h）

图 2-40　圣诞靴子

19. 一心一意

操作步骤：

a. 将餐巾对折；

b. 再对折；

c. 将餐巾左右两边沿中线向上折叠；

d. 将折好的左右两边的两个角向内侧折叠；

e. 整理好造型，放入盘内。

具体步骤如图 2-41 所示。

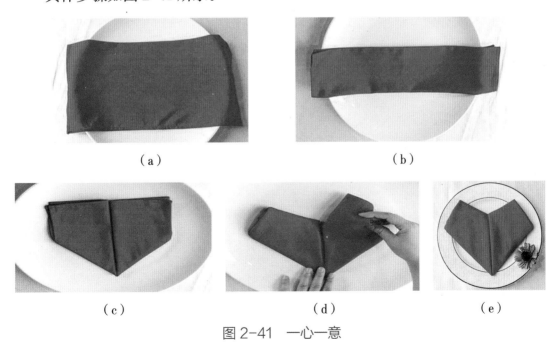

（a）　　　　　　　（b）

（c）　　　　　　（d）　　　　　（e）

图 2-41　一心一意

20. 公主桂冠

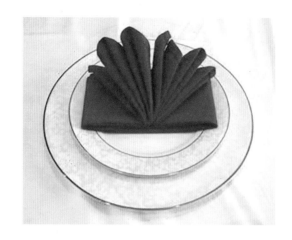

操作步骤：

a. 将餐巾上下边分别从约四分之一处折叠至中心线处，如图 2-42（a）所示；

b. 再将餐巾从背面对折成长条形；

c. 将餐巾左右边约三分之一处分别向背后折叠，再向中心线折叠；

d. 将餐巾左右边的夹层分别拉成小三角形；

e. 整理好造型，放入盘内。

具体步骤如图 2-42 所示。

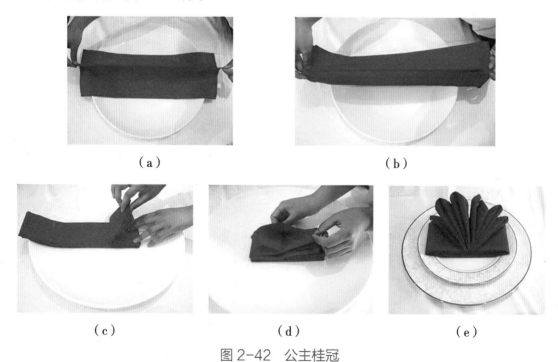

（a）　　　　　　　　　　　　　（b）

（c）　　　　　　（d）　　　　　　（e）

图 2-42　公主桂冠

任务实施

1. 活动设计

将学生分成若干小组，进行小组餐巾折花竞赛。

2. 活动形式

（1）以小组为单位，运用餐巾折花的基本手法在规定时间内（10 分钟）折出 10 种盘花。

（2）每组折好后将折花放到指定的餐桌前，分类摆好。

（3）评出用时最短、餐巾花造型最美观的小组，予以口头表扬，并对本次教学活动进行评价（小组互评、评委团代表点评，最后由教师点评）。

3. 活动时间

15 分钟。

4. 活动目的

加深学生对其他造型盘花折叠方法的记忆，训练实际动手操作能力，培养小组的团队协作能力。

 效果点评

活动评价表

评价内容	标准及要求	分值	得分
操作卫生	操作时不用嘴叼咬，注意卫生	10	
花型难度	根据所折花型难度大小打分	5	
花型名称	取名与实际花型相符合	10	
基本技法	折花所用技法符合操作规范	50	
报出技法	能准确报出操作过程中所使用的每一种技法	10	
总体效果	操作精细，动作优美，作品美观	10	
速度	在规定时间内完成	5	
总分		100	

项目总结

通过本项目的学习，知道每种餐巾盘花的折叠方法，能运用所学的方法独立完成盘花花型的折叠。

项目三

折叠餐巾杯花

 项目概况

　　杯花是将折好的餐巾插入水杯或红葡萄酒杯中。杯花的优点是立体感强、造型逼真，常用推折、捏和卷等复杂手法；缺点是容易污染杯具，不宜提前折叠储存，从杯中取出后即散形且褶皱感明显。杯花一般应用在中式餐台的布置中。通过本项目的学习，学生可以认识餐巾杯花，掌握餐巾杯花的折叠方法。

任务一

折叠动物造型

任务目标

【知识目标】

熟悉动物造型杯花的折叠方法。

【技能目标】

训练学生的实际动手操作能力，掌握折叠动物造型杯花的技能技巧。

【职业素养目标】

1. 培养学生合作交流意识和团队精神。

2. 养成良好的行为习惯、端正的工作态度和认真负责的服务意识。

3. 陶冶学生热爱生活、美化生活的情操。

4. 培养学生具有良好的观察力、记忆力、动手能力。

任务导入

【案例】某日一个英国贵宾团抵达一饭店，餐厅服务员为了表示对客人的欢迎和尊重，选用了孔雀开屏造型的杯花，殊不知客人不但不领情，反而跑到大堂副经理处去投诉。

【问题】为什么服务员的一番好意，招来的不是感谢而是批评投诉呢？

【分析】在英国，人们认为孔雀是祸、是淫妇的代称，孔雀开屏被认为是自我吹嘘的表现，所以英国客人认为这个饭店在侮辱他们。

必备的知识

1. 白鹤

操作步骤：

a. 左手按住餐巾一巾角，右手将一侧巾角斜卷至对角线，将另一侧巾角斜卷至对角线；

b. 翻转餐巾，将餐巾对折，再向下折叠，再向上折叠，呈"W"形状；

c. 捏出鸟头；

d. 放入杯中，整理好造型。

具体步骤如图 3-1 所示。

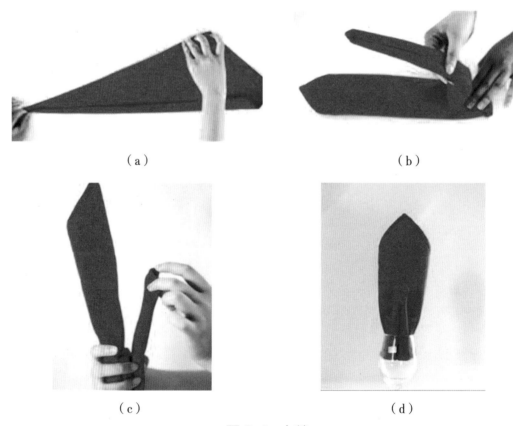

（a）　　　　　　　　　　　　　　　（b）

（c）　　　　　　　　　　　　　　　（d）

图 3-1　白鹤

2. 花枝蝴蝶

操作步骤:

a. 将餐巾呈正方形摆放,从上下两边向中心线折叠成长方形;

b. 将四个角分别向外翻开;

c. 翻转餐巾,从餐巾一侧开始平行卷,卷至中线左右停止;

d. 再进行推折,完成推折后,褶皱大小与卷筒一样大;

e. 将餐巾对折;

f. 放入杯中,整理好造型。

具体步骤如图 3-2 所示。

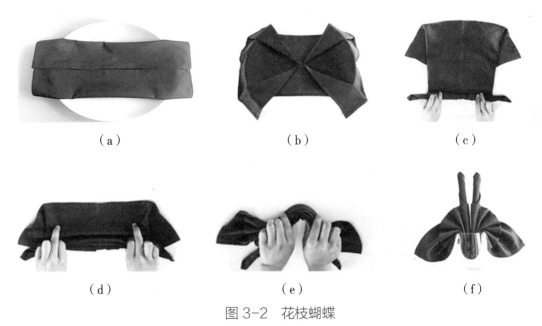

图 3-2 花枝蝴蝶

3. 圣诞火鸡

操作步骤：

a. 将餐巾从上到下对折，再从左到右对折，折叠成为正方形；

b. 将餐巾呈菱形摆放，使四片巾角朝下，将前三层巾角一层层向上折叠，间距1厘米左右；

c. 从中间向两边推折；

d. 将剩下的一片巾角拉起做鸟身，捏出鸟头；

e. 放入杯中，整理好造型。

具体步骤如图3-3所示。

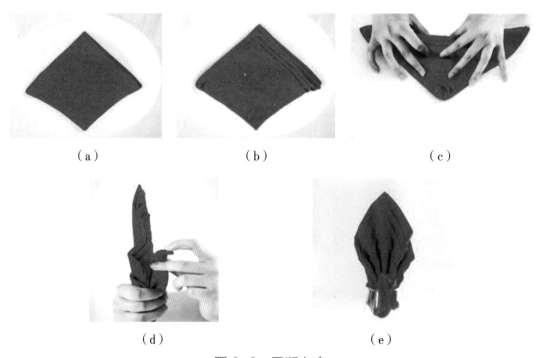

（a）　　　　　　　　（b）　　　　　　　　（c）

（d）　　　　　　　　（e）

图3-3　圣诞火鸡

4. 金鱼摆尾

M3-1 金鱼
摆尾

操作步骤：

a. 将餐巾错位折叠；

b. 从餐巾短边的底部开始平行卷；

c. 然后推折至另一短边；

d. 将餐巾从约三分之二处折叠；

e. 放入杯中，整理好造型。

具体步骤如图 3-4 所示。

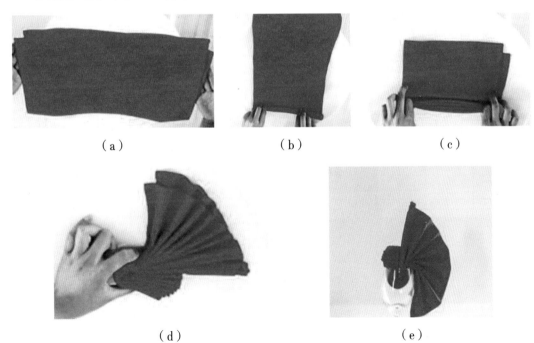

图 3-4 金鱼摆尾

5. 二尾金鱼

操作步骤：

a. 将餐巾从上到下对折，再从左到右对折，折叠成正方形；

b. 将餐巾呈菱形摆放，将餐巾上面一层巾角折向顶角；翻转餐巾，将上面一层巾角折向顶角；

c. 从剩下的两个巾角所在的中位线向两边推折；

d. 将餐巾从约三分之一处对折；

e. 拉开两片巾角做鱼尾，掏空前面的夹层做鱼头；

f. 放入杯中，整理好造型。

具体步骤如图 3-5 所示。

（a）　　　　　　　　（b）　　　　　　　　（c）

（d）　　　　　　　　（e）　　　　　　　　（f）

图 3-5　二尾金鱼

6. 四尾金鱼

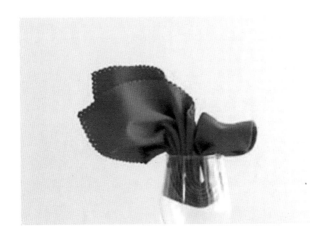

操作步骤:

a. 将餐巾从上到下对折,再从左到右对折,折叠成正方形;

b. 从餐巾四个巾角所在的中位线向两边推折;

c. 将餐巾从约三分之二处对折;

d. 拉开四片巾角做鱼尾,掏空前面的夹层做鱼头;

e. 放入杯中,整理好造型。

具体步骤如图 3-6 所示。

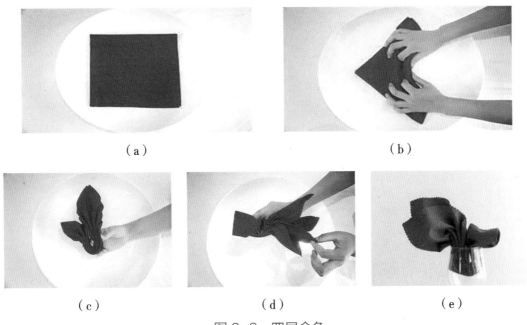

（a）　　　　　　　　（b）

（c）　　　　　（d）　　　　　（e）

图 3-6　四尾金鱼

7. 龙睛鱼

M3-2 龙睛鱼

操作步骤：

a. 将餐巾上下边分别从约四分之一处折叠至中心线处，如图 3-7（a）所示；

b. 从餐巾的一短边向对边推折至约四分之三处；

c. 将餐巾向下对折；

d. 放入杯中，翻出鱼眼睛。

具体步骤如图 3-7 所示。

（a）

（b）

（c）

（d）

图 3-7　龙睛鱼

8. 孔雀开屏

操作步骤：

a. 将餐巾由下至上对折成三角形；

b. 将上层巾角向下折叠，下层巾角向背面折叠；

c. 再将上层巾角向下折叠，再向上折叠，三层边平齐；

d. 将餐巾从中间向两边推折，留出两边的翅膀；

e. 将一角做尾，另一角折到前部，做出头的形状；

f. 放入杯中，整理好造型。

具体步骤如图 3-8 所示。

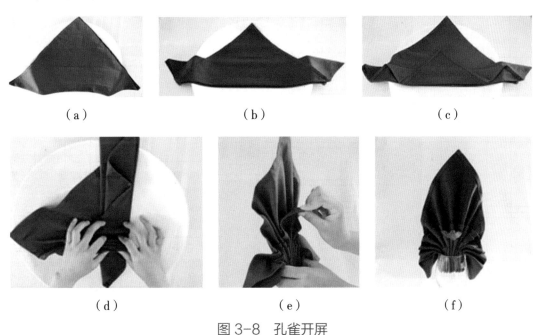

图 3-8　孔雀开屏

9. 兔子耳朵

操作步骤：

a. 将餐巾折叠成长方形；

b. 将闭合一边的两角向中心线折叠成三角形；

c. 拉开成正方形；

d. 将上层巾角向顶角折叠，下层巾角从后面向顶角折叠；

e. 从中间向两边推折；

f. 整理好造型，放入杯中。

具体步骤如图 3-9 所示。

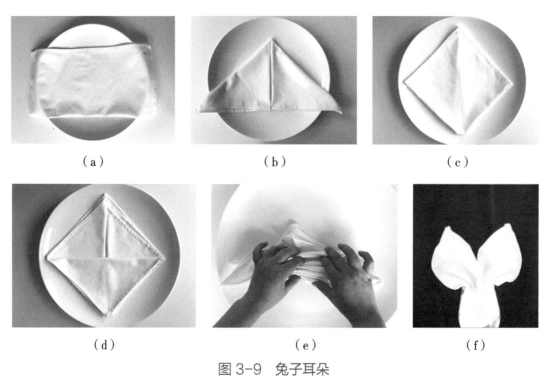

（a）　　　　　　　　（b）　　　　　　　　（c）

（d）　　　　　　　　（e）　　　　　　　　（f）

图 3-9　兔子耳朵

10. 蜜蜂

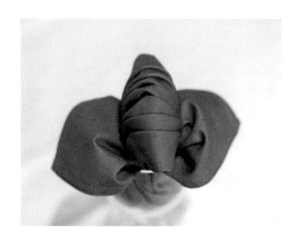

M3-3 蜜蜂

操作步骤：

a. 将餐巾对角向中线对折；

b. 翻转餐巾，从一边向对边推折；

c. 从餐巾的中央位置对折，成为蜜蜂的身体；

d. 将餐巾两边巾角上拉作为翅膀；

e. 握住餐巾底端，整理好造型，放入杯中。

具体步骤如图 3-10 所示。

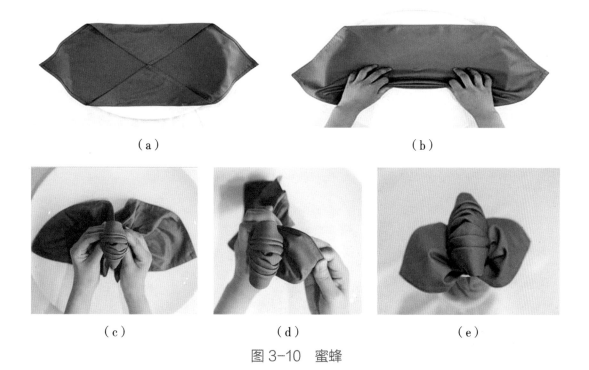

（a）　　　　　　　　　　　　　（b）

（c）　　　　　　（d）　　　　　　（e）

图 3-10　蜜蜂

11. 蜂鸟觅食

M3-4 蜂鸟
觅食

操作步骤：

a. 将餐巾上下两个角如图 3-11（a）所示折叠；

b. 翻转餐巾，从中间向两边推折；

c. 对折；

d. 将餐巾的一角上拉做鸟头，另一边做鸟尾，两边上拉成为鸟翅；

e. 放入杯中，整理好造型。

具体步骤如图 3-11 所示。

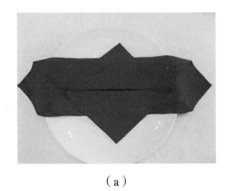

（a）

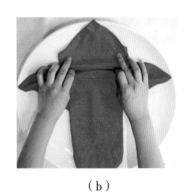

（b）

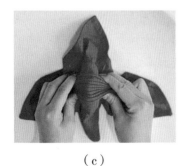

（c）

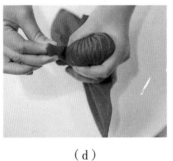

（d）

（e）

图 3-11　蜂鸟觅食

12. 相思鸟

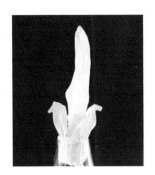

M3-5 相思鸟

操作步骤：

a. 将餐巾折叠成长方形；

b. 将闭合一边的两角向中心线折叠成三角形；

c. 拉开成正方形；

d. 将上层巾角向顶角折叠，下层巾角从后面向顶角折叠；

e. 从中间向两边推折；

f. 握住餐巾，将两个巾角分别上拉，做鸟的头部，捏出鸟头；

g. 将餐巾放入杯中，整理好造型。

具体步骤如图 3-12 所示。

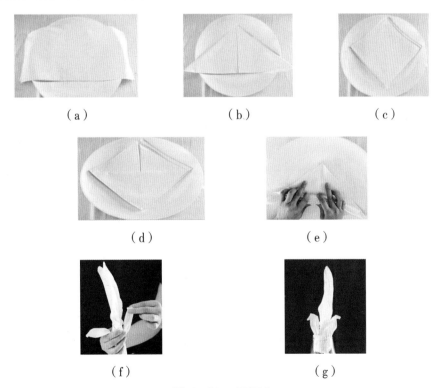

（a）　　　　　　　　（b）　　　　　　　　（c）

（d）　　　　　　　　（e）

（f）　　　　　　　　（g）

图 3-12　相思鸟

13. 长尾欢鸟

操作步骤:

a. 将餐巾折叠成长方形;

b. 将闭合一边的两角向中心线折叠成三角形;

c. 拉开成为正方形;

d. 将上层巾角向顶角折叠,下层巾角从后面向顶角折叠;

e. 从中间向两边推折;

f. 将餐巾的一个巾角向下折叠,再向上折叠,做鸟的头部,捏出鸟头;

g. 握住餐巾,将两个巾角分别上拉,做鸟的翅膀;

h. 放入杯中,整理翅膀和尾部,整理好造型。

具体步骤如图 3-13 所示。

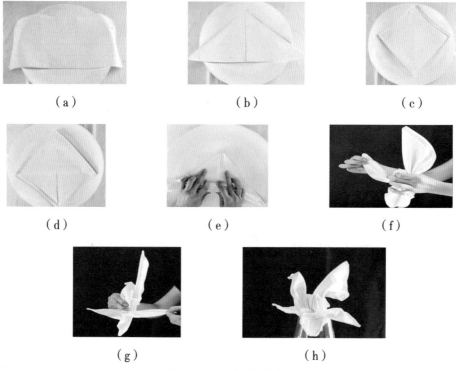

（a）　　　　　　　　　　（b）　　　　　　　　　　（c）

（d）　　　　　　　　　　（e）　　　　　　　　　　（f）

（g）　　　　　　　　　　（h）

图 3-13　长尾欢鸟

14. 大鹏展翅

M3-6 大鹏
展翅

操作步骤：

a. 将餐巾折叠成长方形；

b. 将闭合一边的两角向中心线折叠成三角形；

c. 拉开成为正方形；

d. 将上层巾角向顶角折叠，下层巾角从后面向顶角折叠；

e. 从中间向两边推折；

f. 将餐巾的两边的巾角，一边拉成鸟身，捏出鸟头，另一边拉出做鸟尾；

g. 放入杯中，整理好造型。

具体步骤如图 3-14 所示。

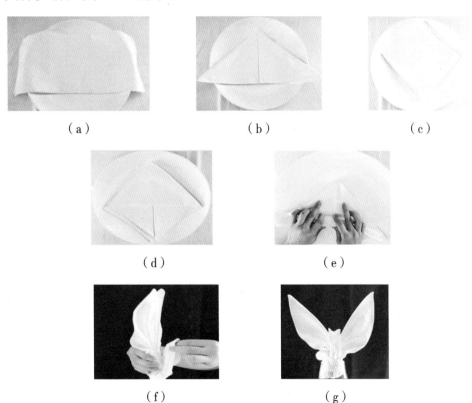

（a）　　　　　（b）　　　　　（c）

（d）　　　　　（e）

（f）　　　　　（g）

图 3-14　大鹏展翅

15. 对鸟开屏

操作步骤：

a. 将餐巾交错折叠；

b. 将下部向上折叠；

c. 从中间向两边推折；

d. 将餐巾握住，将前边两巾角拉出做鸟身，捏出鸟头；

e. 放入杯中，整理好造型。

具体步骤如图 3-15 所示。

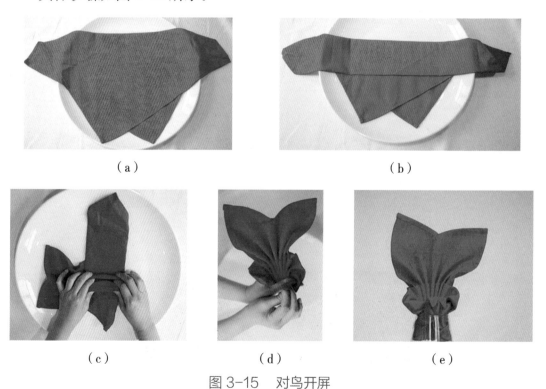

（a）　　　　　　　　　　　　　　（b）

（c）　　　　　　（d）　　　　　　（e）

图 3-15　对鸟开屏

16. 吉祥鸟

M3-7 吉祥鸟

操作步骤：

a. 将餐巾从上到下对折，再从左到右对折，折叠成为正方形；

b. 将餐巾呈菱形摆放，使四片巾角朝下，将前两层巾角一层层向上折叠，间距 1 厘米左右；

c. 从中间向两边推折；

d. 将剩下的一片巾角拉起做鸟身，捏出鸟头；

e. 放入杯中，整理好造型。

具体步骤如图 3-16 所示。

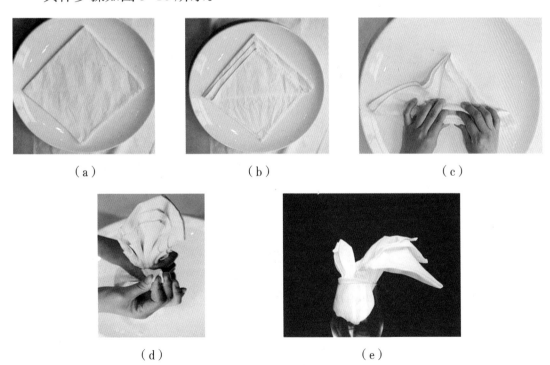

（a）　　　　　　（b）　　　　　　（c）

（d）　　　　　　（e）

图 3-16　吉祥鸟

17. 飞鸟

操作步骤：

a. 将餐巾对折成为三角形，从斜边的一角向上螺旋卷，卷至直角边的约二分之一处；

b. 然后向上推折出四个褶皱；

c. 用手握住中间位置，上拉两侧的巾角做鸟的翅膀；

d. 将剩下的一个巾角向上翻拉成鸟身，捏出鸟头；

e. 放入杯中，整理好造型。

具体步骤如图 3-17 所示。

（a）

（b）

（c）

（d）

（e）

图 3-17　飞鸟

任务实施

1. 活动设计

将学生分成若干个小组，进行小组餐巾折花竞赛。

2. 活动形式

（1）以小组为单位，运用餐巾折花的基本手法在规定时间内（8 分钟）折出 5 种杯花。

（2）每组折好后将折花放到指定的餐桌前，分类摆好。

（3）评出用时最短、餐巾花造型最美观的小组，予以口头表扬，并对本次教学活动进行评价（小组互评、评委团代表点评，最后由教师点评）。

3. 活动时间

10 分钟。

4. 活动目的

加深学生对动物造型杯花折叠方法的记忆，训练实际动手操作能力，培养小组的团队协作能力。

 效果点评

活动评价表

评价内容	标准及要求	分值	得分
操作卫生	操作时不用嘴叼咬；放花入杯时注意卫生，手指没有接触杯口，杯身没有留下指纹	10	
花型难度	根据所折花型难度大小打分	5	
花型名称	取名与实际花型相符合	10	
基本技法	折花所用技法符合操作规范	50	
报出技法	能准确报出操作过程中所使用的每一种技法	10	
总体效果	操作精细，动作优美，作品美观	10	
速度	在规定时间内完成	5	
总分		100	

注：基本技法要求：
（1）折叠时一次叠成；（2）推折的褶皱应均匀整齐；（3）卷时用力应均匀，卷紧、卷挺；（4）穿好的褶皱要平、直、细小、均匀；（5）翻时注意大小适宜、左右对称、自然美观；（6）拉时左右前后大小适当，距离对称；（7）捏时棱角分明，头顶角、嘴尖角到位。

折叠植物造型

 任务目标

【知识目标】

熟悉植物造型杯花的折叠方法。

【技能目标】

训练学生的实际动手操作能力，掌握折叠植物造型杯花的技能技巧。

【职业素养目标】

1. 培养学生合作交流意识和团队精神。

2. 养成良好的行为习惯、端正的工作态度和认真负责的服务意识。

3. 陶冶学生热爱生活、美化生活的情操。

4. 培养学习具有良好的观察力、记忆力、动手能力。

 任务导入

【案例】青云酒店，华美集团宴请法国合作商，服务员小王精心布置了餐厅包间，并用黄色餐巾折花。法国宾客到了餐桌旁，却愤然离去。

【问题】为什么法国客人会离去？

【分析】在法国，黄色的花代表不忠诚。

 必备的知识

1. 单叶荷花

操作步骤：

a. 将餐巾从上到下对折，再从左到右对折，折叠成正方形；

b. 从餐巾四个巾角所在的中位线向两边推折；

c. 握住餐巾，分别拉出两边的巾角；

d. 放入杯中，整理好造型。

具体步骤如图 3-18 所示。

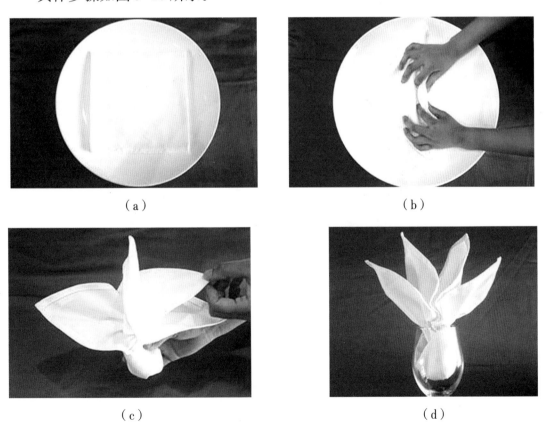

（a）　　　　　　　　　　　（b）

（c）　　　　　　　　　　　（d）

图 3-18　单叶荷花

2.双叶荷花

操作步骤:

a.将餐巾从上到下对折,再从左到右对折,折叠成正方形;

b.四片巾角朝下,将上面两层巾角向上对折,再将下面两层巾角向背面对折,形成三角形;

c.从中间向两边推折;

d.握住餐巾,分别拉出两边的巾角;

e.放入杯中,整理好造型。

具体步骤如图3-19所示。

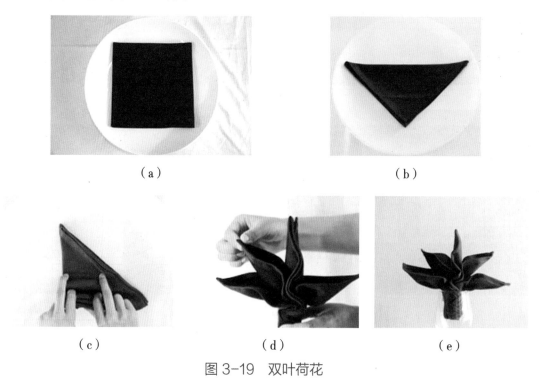

（a）   （b）

（c）   （d）   （e）

图3-19 双叶荷花

3.蟠桃

操作步骤：

a.将餐巾从上到下对折，再从左到右对折，折叠成正方形；

b.四片巾角朝下，将上面两层巾角向上对折，再将下面两层巾角向背面对折，形成三角形；

c.从中间向两边推折；

d.握住餐巾，分别拉出两边的巾角；

e.将中间夹层掏空呈桃心形状，放入杯中，整理好造型。

具体步骤如图 3-20 所示。

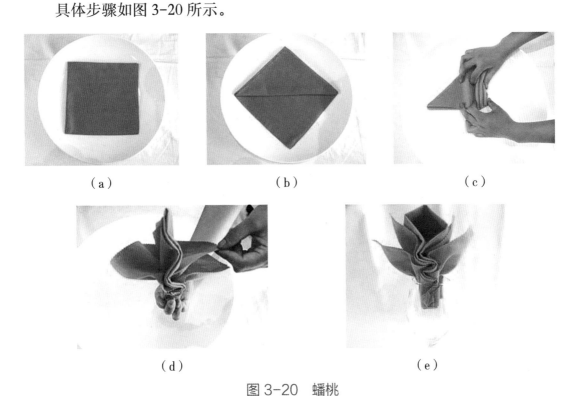

（a）　　　　　　　（b）　　　　　　　（c）

（d）　　　　　　　　　　　（e）

图 3-20　蟠桃

4. 冰玉水仙

操作步骤：

a. 将餐巾从上到下对折，再从左到右对折，折叠成正方形；

b. 四片巾角朝下，将上面三层巾角向上对折，再将下面一层巾角向背面对折，形成三角形；

c. 从中间向两边推折；

d. 握住餐巾，分别拉出两边的巾角；

e. 放入杯中，整理好造型。

具体步骤如图 3-21 所示。

图 3-21 冰玉水仙

5. 凌波仙子

操作步骤：

a. 将餐巾从上到下对折，再从左到右对折，折叠成为正方形；

b. 四片巾角朝下，将四片巾角逐层向上折叠，错落有致；

c. 从中间向两边推折；

d. 握住餐巾，拉出四个巾角；

e. 放入杯中，整理好造型。

具体步骤如图 3-22 所示。

图 3-22　凌波仙子

6. 双蕊花

操作步骤:

a. 将餐巾对折为长方形;

b. 将上面一层餐巾的两个角向下折;

c. 再将餐巾沿中心线对折成正方形;

d. 将上层巾角折至顶角,下层巾角向后面折至顶角,呈三角形形状,再从中间向两边推折;

e. 拉出两边的巾角,翻出花蕊,放入杯中,整理好造型。

具体步骤如图 3-23 所示。

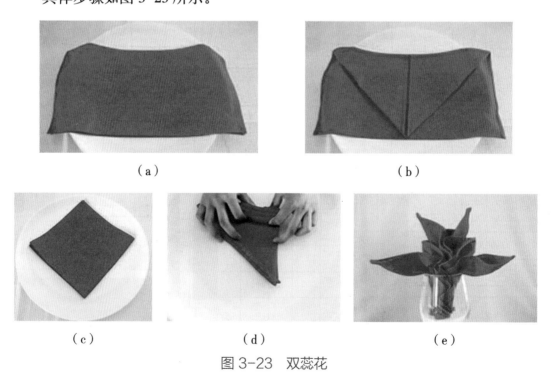

(a)   (b)

(c)   (d)   (e)

图 3-23 双蕊花

7. 枫叶

操作步骤：

a. 将餐巾错位对折，呈错位长方形；

b. 将错位长方形短边进行错位对折；

c. 沿中线翻折底角至四片巾角的中间位置；

d. 从中间向两边推折；

e. 握住餐巾，放入杯中，整理好造型。

具体步骤如图 3-24 所示。

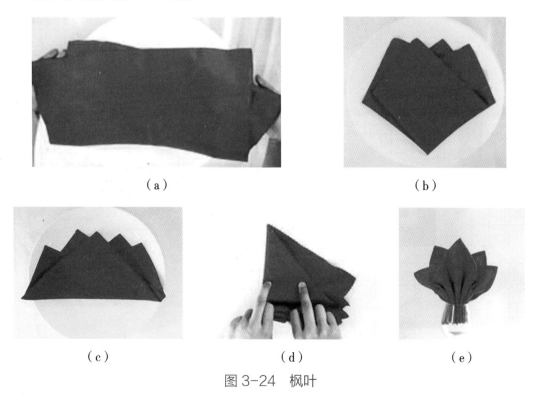

（a）　　　　　　　　　　　　（b）

（c）　　　　　　　　（d）　　　　　　　　（e）

图 3-24　枫叶

8. 芬芳碧花

操作步骤：

a. 将餐巾错位对折，呈错位长方形；

b. 将错位长方形短边进行错位对折；

c. 沿中线翻折底角；

d. 从中间向两边推折；

e. 握住餐巾，翻出花苞，放入杯中，整理好造型。

具体步骤如图 3-25 所示。

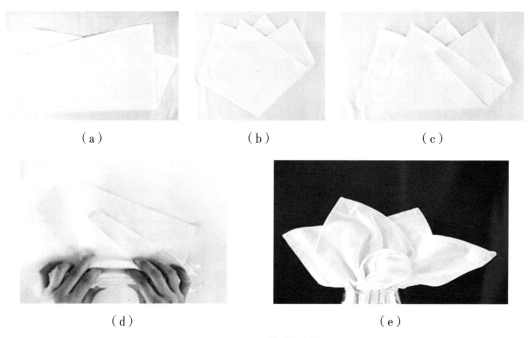

（a） （b） （c）

（d） （e）

图 3-25 芬芳碧花

9.马蹄莲

操作步骤：

a. 将餐巾对折为三角形；

b. 从底边向顶角处平行卷；

c. 将卷筒中部进行"W"形折叠；

d. 放入杯中，翻折卷筒顶端，整理好造型。

具体步骤如图 3-26 所示。

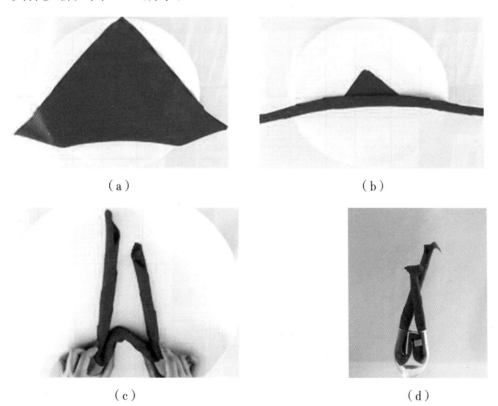

（a）　　　　　　　　　（b）

（c）　　　　　　　　　（d）

图 3-26　马蹄莲

10. 仙人掌

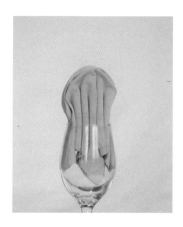

操作步骤:

a. 将餐巾对折为长方形,将上面一层餐巾的两个角向下折;

b. 再将餐巾沿中心线对折成正方形;

c. 将上层巾角折至顶角,下层巾角向后面折至顶角,呈三角形;

d. 以三角形长边的中点为原点,从中间向两边斜推,呈圆弧形;

e. 放入杯中,先将外层翻开,再翻开里面两层,整理好造型。

具体步骤如图 3-27 所示。

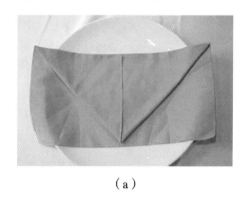
（a）

（b）

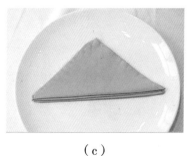
（c）

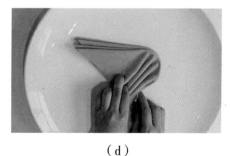
（d）

（e）

图 3-27　仙人掌

11. 鸡冠花

操作步骤：

a. 将餐巾上下两边分别向中心线折叠；

b. 将餐巾沿中心线向背后折叠；

c. 从长条形的短边向另一短边推折；

d. 将筷子分别插入两个夹层中，挤压成型；

e. 放入杯中，整理好造型。

具体步骤如图 3-28 所示。

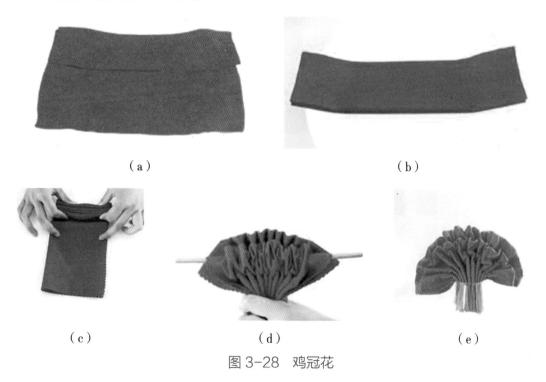

（a）　　　　　　　　　　　　　　（b）

（c）　　　　　　（d）　　　　　　（e）

图 3-28　鸡冠花

12. 月季花

操作步骤：

a. 将餐巾从下到上错位对折；

b. 再从右到左对折；

c. 从餐巾四个巾角的对角端向四个巾角方向推折；

d. 将餐巾对折；

e. 握住餐巾，将四层巾角分开，中间的瓣开做花；

f. 放入杯中，整理好造型。

具体步骤如图 3-29 所示。

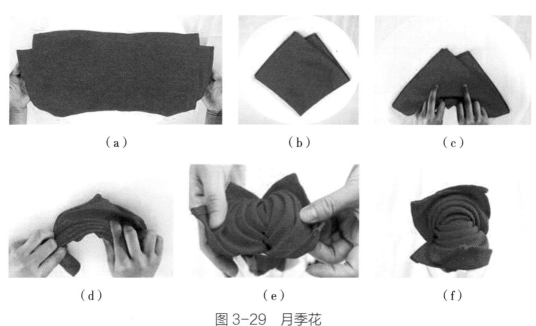

（a）　　　　　　　　（b）　　　　　　　　（c）

（d）　　　　　　　　（e）　　　　　　　　（f）

图 3-29　月季花

13. 美人蕉花

M3-8 美人
蕉花

操作步骤：

a. 将餐巾折叠成长方形；

b. 将闭合一边的两角向中心线折叠成三角形；

c. 拉开成正方形，将上层巾角向顶角折叠，下层巾角从后面向顶角折叠；

d. 从中间向两边推折；

e. 两角再向下对折；

f. 将四个餐巾角翻出；

g. 插入杯中，整理好造型。

具体步骤如图 3-30 所示。

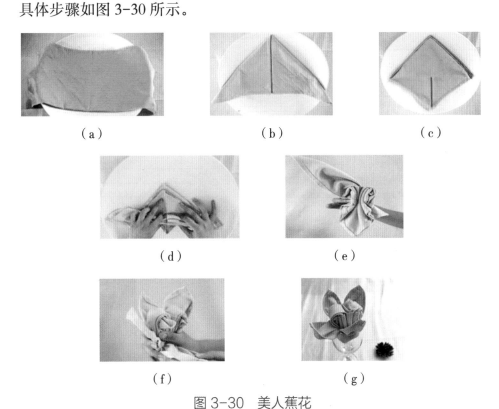

（a） （b） （c）

（d） （e）

（f） （g）

图 3-30 美人蕉花

14. 扁豆花

M3-9 扁豆花

操作步骤:

a. 将餐巾折叠成长方形;

b. 将闭合一边的两角向中心线折叠成三角形;

c. 拉开成正方形,从两片巾角所在的中心线向两边推折;

d. 将底部多余部分向上折叠并包住,拉出两边的巾角;

e. 翻出中间的花;

f. 放入杯中,整理好造型。

具体步骤如图 3-31 所示。

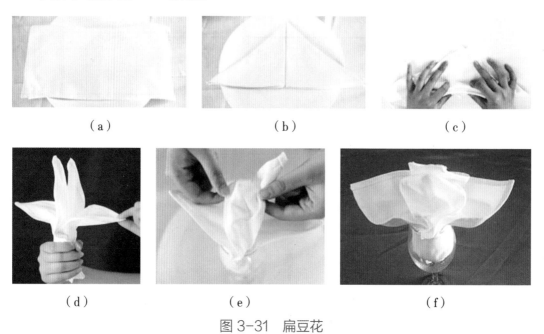

图 3-31　扁豆花

15. 绣球花开

M3-10 绣球
花开

操作步骤：

a. 将餐巾对折为长方形；

b. 将上面一层餐巾的两个角向下折；

c. 再将餐巾沿中心线对折成正方形；

d. 将上层巾角折至顶角，下层巾角向后面折至顶角，呈三角形；

e. 将正反两面各折一层餐巾角；

f. 从中间向两边推折；

g. 拉出餐巾两角；

h. 放入杯中，整理好造型。

具体步骤如图 3-32 所示。

（a）　　　　　　（b）　　　　　　（c）　　　　　　（d）

（e）　　　　　　（f）　　　　　　（g）　　　　　　（h）

图 3-32　绣球花开

16.玫瑰花

操作步骤：

a.将餐巾从上到下对折，再从左到右对折，折叠成正方形；

b.四片巾角朝下，将上面两层巾角向上对折，再将下面两层巾角向背面对折，形成三角形；

c.从中间向两边推折；

d.握住餐巾，分别拉出两边的巾角；

e.将餐巾中间夹层翻成玫瑰花形状；

f.放入杯中，整理好造型。

具体步骤如图 3-33 所示。

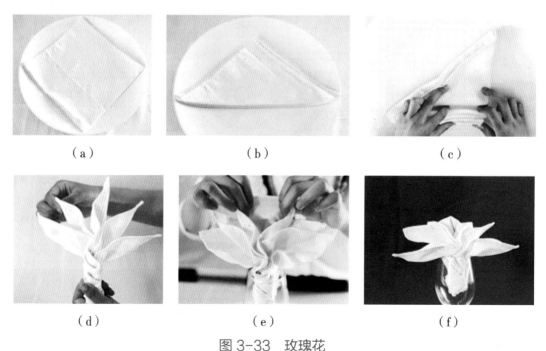

| （a） | （b） | （c） |
| （d） | （e） | （f） |

图 3-33　玫瑰花

17. 双叶花

操作步骤：

a. 将餐巾交错折叠；

b. 将下部分向上折叠；

c. 从中间向两边推折；

d. 放入杯中，整理好造型。

具体步骤如图 3-34 所示。

（a）

（b）

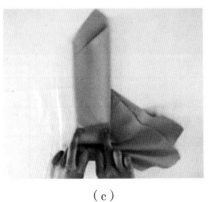

（c）

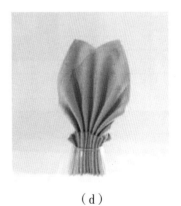

（d）

图 3-34　双叶花

18. 四叶花

操作步骤：

a. 将餐巾错位对折，呈错位长方形；

b. 将错位长方形短边进行错位对折；

c. 从中间向两边推折；

d. 放入杯中，整理好造型。

具体步骤如图 3-35 所示。

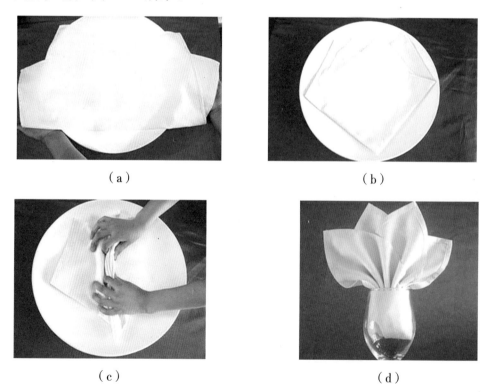

（a）　　　　　　　　　　（b）

（c）　　　　　　　　　　（d）

图 3-35　四叶花

19. 太平花

操作步骤

a. 将餐巾如图 3-36（a）所示折叠；

b. 翻转餐巾，从中间向两边推折；

c. 两边沿背后对拢折叠，将中间的褶皱部分做花蕊；

d. 将四个巾角分别向上翻拉成花瓣；

e. 放入杯中，整理好造型。

具体步骤如图 3-36 所示。

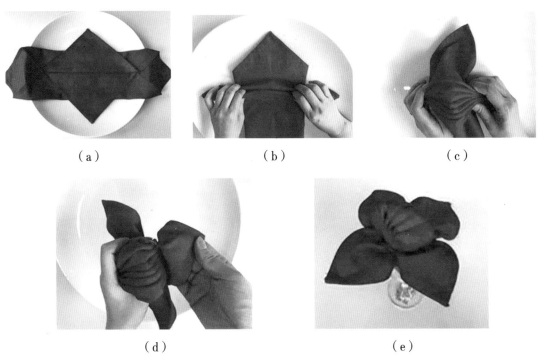

（a）　　　　　　　　（b）　　　　　　　　（c）

（d）　　　　　　　　（e）

图 3-36　太平花

 任务实施

1.活动设计

将学生分成若干个小组，进行小组餐巾折花竞赛。

2.活动形式

（1）以小组为单位，运用餐巾折花的基本手法在规定时间内（10分钟）折出10种杯花。

（2）每组折好后将折花放到指定的餐桌前，分类摆好。

（3）评出用时最短、餐巾花造型最美观的小组，予以口头表扬，并对本次教学活动进行评价（小组互评、评委团代表点评，最后由教师点评）。

3.活动时间

15分钟。

4.活动目的

加深学生对植物造型杯花折叠方法的记忆，训练实际动手操作能力，培养小组的团队协作能力。

 效果点评

活动评价表

评价内容	标准及要求	分值	得分
操作卫生	操作时不用嘴叼咬；放折花入杯时，注意卫生，手指没有接触杯口，杯身没有留下指纹	10	
花型难度	根据所折花型难度大小打分	5	
花型名称	取名与实际花型相符合	10	
基本技法	折花所用技法符合操作规范	50	
报出技法	能准确报出操作过程中所使用的每一种技法	10	
总体效果	操作精细，动作优美，作品美观	10	
速度	在规定时间内完成	5	
总分		100	

注：基本技法要求：
（1）折叠时应一次叠成；（2）推折的褶皱应均匀整齐；（3）卷时用力应均匀，卷紧，卷挺；（4）穿好的褶皱要平、直、细小、均匀；（5）翻时注意大小适宜、左右对称、自然美观；（6）拉时左右前后大小适当，距离对称；（7）捏时棱角分明，头顶角、嘴尖角到位。

折叠其他造型

任务目标

【知识目标】

熟悉其他造型杯花的折叠方法。

【技能目标】

训练学生的实际动手操作能力，掌握折叠其他造型杯花的技能技巧。

【职业素养目标】

1. 培养学生合作交流意识和团队精神。

2. 养成良好的行为习惯、端正的工作态度和认真负责的服务意识。

3. 陶冶学生热爱生活、美化生活的情操。

4. 培养学生具有良好的观察力、记忆力、动手能力。

任务导入

【案例】为了迎接圣诞节，作为餐厅服务员，你应该如何布置餐厅？选择何种餐巾花来突出主题？

【问题】作为服务员你会选择何种类型的餐巾花？

【分析】根据宴会的性质、规格、规模和时节来选择色彩和花型。

必备的知识

1. 迎宾花篮

　　操作步骤：

　　a. 将餐巾的一片巾角向上折叠形成三角形，两片巾角间距 2 厘米左右；

b.翻转餐巾，从三角形底边向顶角方向平行卷，留下高约 6 厘米的小三角形；

c.将小三角形的上层巾角向卷筒方向翻折；

d.将餐巾两端沿中间部位对折；

e.放入杯中，将一个尖端插入另一个尖端里，整理好造型。

具体步骤如图 3-37 所示。

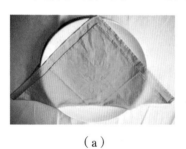

（a）

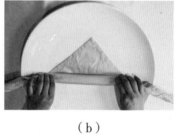

（b）

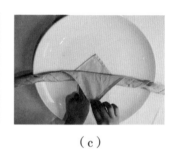

（c）

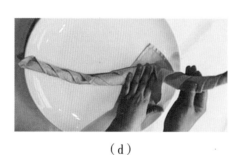

（d）

（e）

图 3-37　迎宾花篮

2. 妃子扇

M3-11 妃子扇

操作步骤：

a. 将餐巾从上到下对折；

b. 如图 3-38（b）所示，将左右两个角向上折叠；

c. 将下层向上折叠；

d. 从中间向两边推折；

e. 放入杯中，整理好造型。

具体步骤如图 3-38 所示。

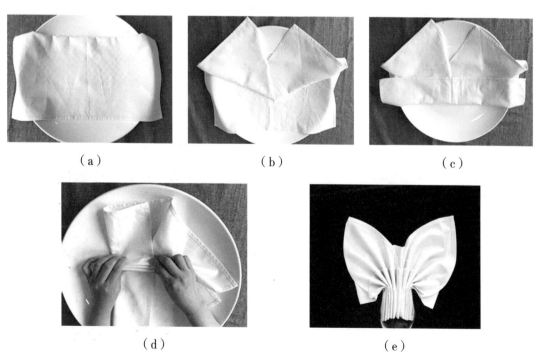

（a）   （b）   （c）

（d）   （e）

图 3-38 妃子扇

3. 友谊杯

操作步骤：

a. 将餐巾对折成三角形；

b. 从三角形底边向顶角方向平行卷，留下高约 10 厘米的小三角形；

c. 将剩下的小三角形推折完；

d. 将餐巾褶皱在外、卷筒在内对折；

e. 将餐巾放入杯中，把餐巾一端插入另一端，整理好造型。

具体步骤如图 3-39 所示。

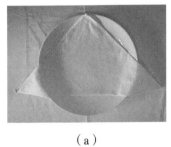
（a）

（b）

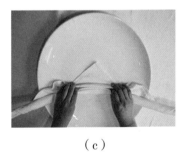
（c）

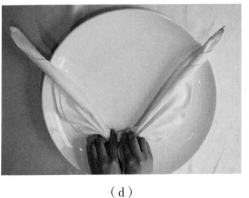
（d）

（e）

图 3-39 友谊杯

4. 恋人相伴

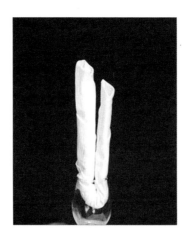

操作步骤：

a. 将餐巾两个相邻的巾角向餐巾中心处对折；

b. 翻转餐巾，将另两个巾角向餐巾中心方向对折；

c. 从餐巾一个角向对角平行卷；

d. 将卷筒以 2∶3 的比例对折；

e. 将餐巾放入杯中，整理好造型。

具体步骤如图 3-40 所示。

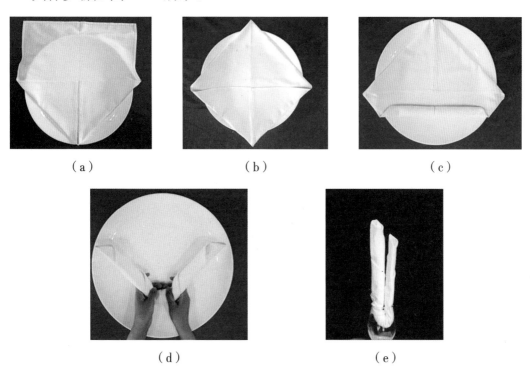

图 3-40 恋人相伴

5. 孤芳自赏

操作步骤:

a. 将餐巾从上到下对折,再从左到右对折,成为正方形,呈菱形摆放;

b. 四片巾角朝下,将第一层巾角向顶角折叠,与顶角重叠;

c. 将剩下的三片巾角向上折叠至夹层中;

d. 从中间向两边推折;

e. 翻出花蕊;

f. 放入杯中,整理好造型。

具体步骤如图 3-41 所示。

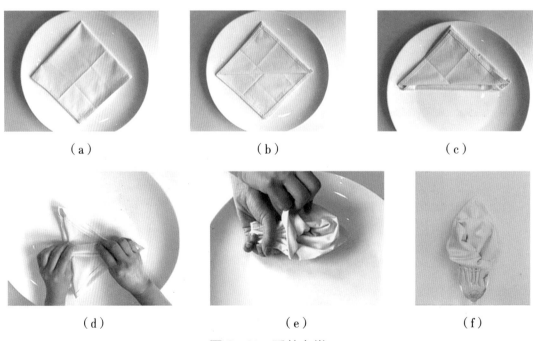

图 3-41 孤芳自赏

6. 春色

操作步骤：

a. 将餐巾折叠成三角形；

b. 将餐巾左右两角向上折叠；

c. 将下边的角向上折叠；

d. 从中间向两边推折；

e. 放入杯中，整理好造型。

具体步骤如图 3-42 所示。

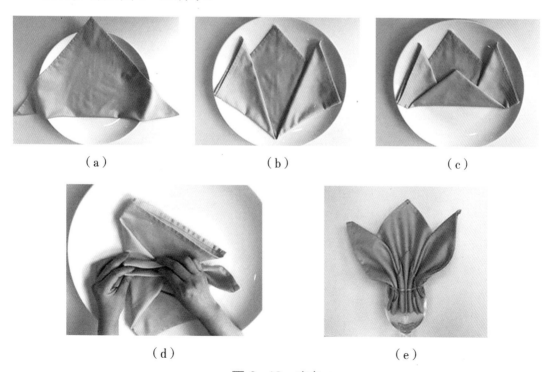

图 3-42 春色

7. 友谊花环

操作步骤：

a. 将餐巾折叠成三角形，上下巾角间距 2 厘米左右；

b. 翻转餐巾，从底边向顶角开始平行卷，上层巾角向下折叠；

c. 左右两边沿各自的中线分别向下折叠；

d. 再对折；

e. 放入杯中，整理好造型。

具体步骤如图 3-43 所示。

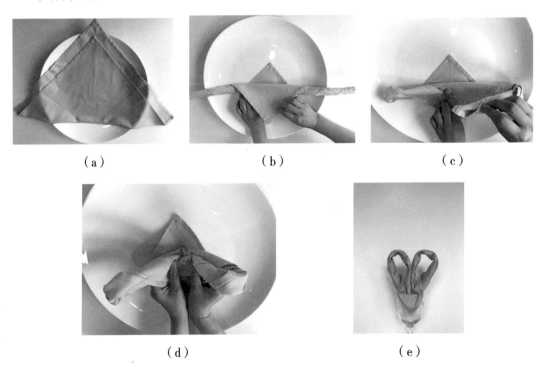

图 3-43　友谊花环

8. 花篮

操作步骤:

a. 将餐巾如图 3-44(a)所示折叠;

b. 从中间向两边推折;

c. 两边沿背后对拢折叠;

d. 左右两边的巾角分别向上翻拉成花瓣;

e. 上下两边的巾角卷后拉上,对接插牢;

f. 放入杯中,整理好造型。

具体步骤如图 3-44 所示。

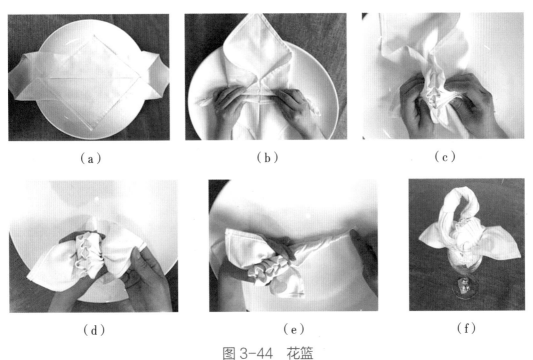

（a）　　　　　　　　　　（b）　　　　　　　　　　（c）

（d）　　　　　　　　　　（e）　　　　　　　　　　（f）

图 3-44　花篮

9. 双凤双栖

M3-12 双凤
双栖

操作步骤：

a. 将餐巾对折成长方形；

b. 将上面一层餐巾的两个角向下折；

c. 再将餐巾沿中心线对折成正方形；

d. 将上层巾角折至顶角，下层巾角向后面折至顶角，呈三角形，再从中间向两边推折；

e. 拉出两边的巾角做翅膀，夹层向后翻拉，夹层内的两个巾角拉出，整理成鸟头状；

f. 放入杯中，整理好造型。

具体步骤如图 3-45 所示。

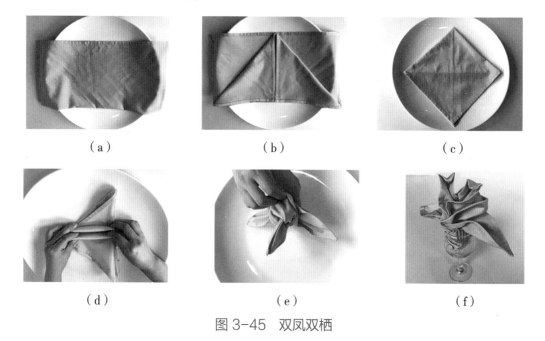

图 3-45 双凤双栖

10. 小鸟筑巢

操作步骤：

a. 将餐巾对折为三角形；

b. 从餐巾底部尖角向上推折；

c. 从中间对折；

d. 将一边的巾角做鸟的头部；

e. 另一边巾角拉出做鸟的尾部；

f. 放入杯中，整理好造型。

具体步骤如图 3-46 所示。

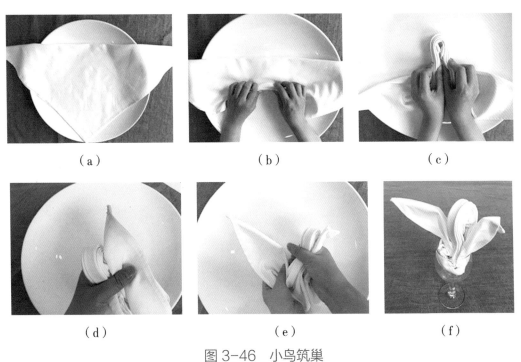

（a）　　　　　　　　　（b）　　　　　　　　　（c）

（d）　　　　　　　　　（e）　　　　　　　　　（f）

图 3-46　小鸟筑巢

11. 鸟落莲花

M3-13 鸟落
莲花

操作步骤:

a. 将餐巾向上对折为长方形;

b. 再将上面一层的餐巾向上折叠两次;

c. 从中间向两边推折;

d. 将餐巾的一片巾角向上拉做鸟身,捏出鸟头;

e. 再将褶皱部分拉出围成圆形;

f. 放入杯中,整理好造型。

具体步骤如图 3-47 所示。

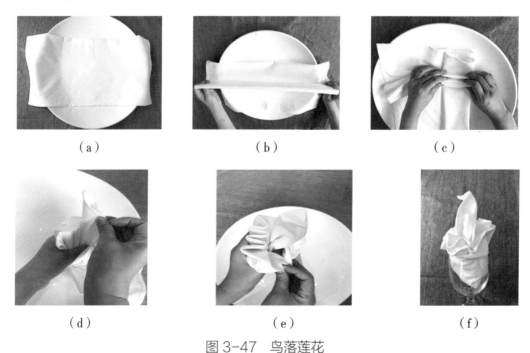

（a）　　　　　　　　（b）　　　　　　　　（c）

（d）　　　　　　　　（e）　　　　　　　　（f）

图 3-47　鸟落莲花

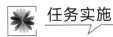 **任务实施**

1. 活动设计

将学生分成若干个小组,进行小组餐巾折花竞赛。

2. 活动形式

(1)以小组为单位,运用餐巾折花的基本手法在规定时间内(8分钟)折出5种杯花。

(2)每组折好后将折花放到指定的餐桌前,分类摆好。

(3)评出用时最短、餐巾花造型最美观的小组,予以口头表扬,并对本次教学活动进行评价(小组互评、评委团代表点评,最后由教师点评)。

3. 活动时间

10分钟。

4. 活动目的

加深学生对其他造型杯花折叠方法的记忆,训练实际动手操作能力,培养小组的团队协作能力。

 效果点评

活动评价表

评价内容	标准及要求	分值	得分
操作卫生	操作时不用嘴叼咬;放花入杯时,注意卫生手指没有接触杯口,杯身没有留下指纹	10	
花型难度	根据所折花型难度大小打分	5	
花型名称	取名与实际花型相符合	10	
基本技法	折花所用技法符合操作规范	50	
报出技法	能准确报出操作过程中所使用的每一种技法	10	
总体效果	操作精细,动作优美,作品美观	10	
速度	在规定时间内完成	5	
总分		100	

注:基本技法要求:
(1)折叠时应一次叠成;(2)推折的褶皱应均匀整齐;(3)卷时用力均匀,卷紧,卷挺;(4)穿好的褶皱要平、直、细小、均匀;(5)翻时注意大小适宜、左右对称、自然美观;(6)拉时左右前后大小适当,距离对称;(7)捏时棱角分明,头顶角、嘴尖角到位。

项目总结

　　通过本项目的学习，知道了每种餐巾杯花的折叠方法，能运用所学的方法独立完成杯花花型的折叠。

项目四

折叠餐巾环花

 项目概况

　　环花是将餐巾平整卷好或折叠成造型，套在餐巾环内。餐巾环花通常放置在装饰盘或餐盘上，特点是传统、简洁和雅致。目前多应用于宴会摆台中。通过本项目的学习，学生可以认识餐巾环花，掌握餐巾环花的折叠方法。

 任务目标

【知识目标】

熟悉餐巾环花的折叠方法。

【技能目标】

训练学生的实际动手操作能力，掌握折叠餐巾环花的技能技巧。

【职业素养目标】

1. 培养学生合作交流意识和团队精神。

2. 养成良好的行为习惯、端正的工作态度和认真负责的服务意识。

3. 陶冶学生热爱生活、美化生活的情操。

4. 培养学生具有良好的观察力、记忆力、动手能力。

 任务导入

【案例】在一个大型纪念孔子的宴会上，你会选择何种类型的餐巾花？

【问题】作为服务员，你将如何选择餐巾花？

【分析】餐巾花的选择应根据餐厅或宴会性质、规模、规格、季节，来宾的宗教信仰、风俗习惯等因素考虑。

 必备的知识

1. 领结

操作步骤：

a. 将餐巾布两边向中对折呈长方形；

b. 再从左右两边向中心线折叠；

c.翻转餐巾，从中间向两边推折；

d.套入餐巾环，整理好造型，放入盘内。

具体步骤如图4-1所示。

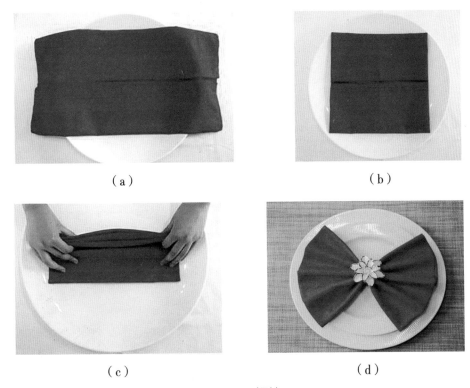

（a） （b）

（c） （d）

图4-1 领结

2.兔子

操作步骤：

a.将餐巾对折成三角形；

b.从三角形尖角一边开始向上平行卷；

c. 把卷好的餐巾如图 4-2（c）所示进行交叉，下面呈圆形；

d. 套入餐巾环，整理好造型，放入盘内。

具体步骤如图 4-2 所示。

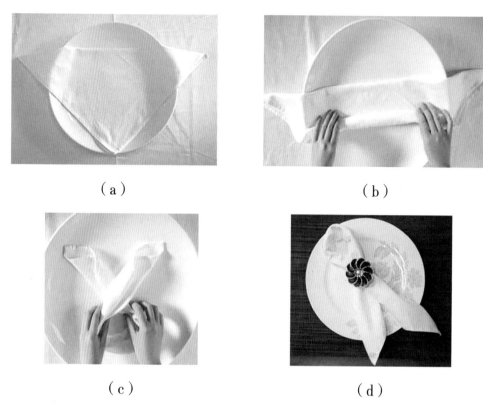

（a）　　　　　　　　　　　　（b）

（c）　　　　　　　　　　　　（d）

图 4-2　兔子

3. 折扇

操作步骤：

a. 将餐巾对折成长方形；

b. 将餐巾从中间向两边推折；

c.套入餐巾环，整理好造型，放入盘内。

具体步骤如图4-3所示。

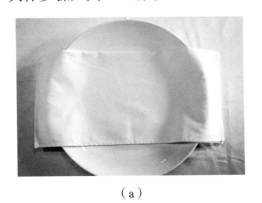
（a）

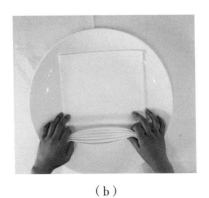
（b）

（c）

图4-3 折扇

4.黄花

操作步骤：

a.将餐巾对折成三角形；

b.将餐巾左边尖角向右边折叠，与右边尖角形成层次；

c.再将上一层尖角向左边折叠；

d. 再将右边尖角如图 4-4（d）所示折叠；

e. 套入餐巾环，整理好造型，放入盘内。

具体步骤如图 4-4 所示。

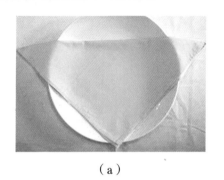
（a）

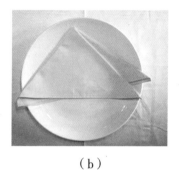
（b）

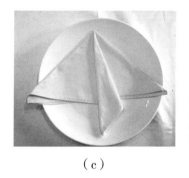
（c）

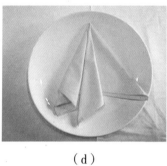
（d）

（e）

图 4-4　黄花

5. 蝴蝶结

操作步骤：

a. 将餐巾从上到下对折，再从左到右对折，折叠成正方形；

b. 再从中间向两边推折；

c. 套入餐巾环，整理好造型，放入盘内。

具体步骤如图 4-5 所示。

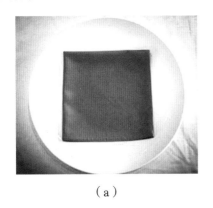

（a）

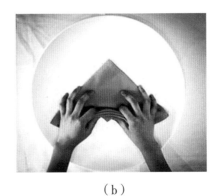

（b）

（c）

图 4-5 蝴蝶结

6. 蝴蝶

操作步骤：

a. 将餐巾对折成三角形；

b. 两手捏住三角形的中心线向右折叠；

c. 再将三角形左边的尖角向右折叠；

d. 套入餐巾环，整理好造型，放入盘内。

具体步骤如图4-6所示。

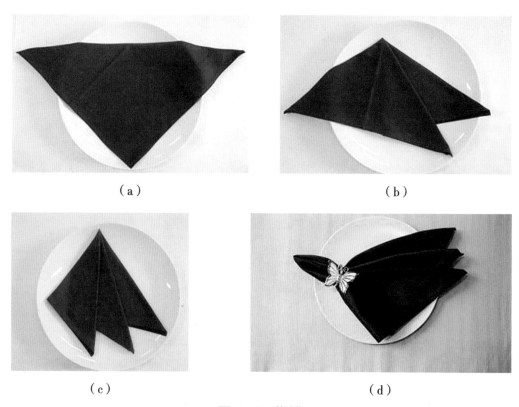

（a）　　　　　　　　　　　　　　　　（b）

（c）　　　　　　　　　　　　　　　　（d）

图4-6　蝴蝶

7. 心有千千结

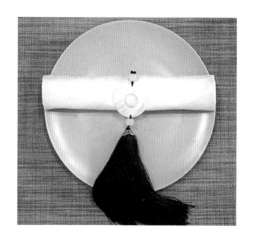

操作步骤：

a. 将餐巾上下两边向中心线折叠，呈长方形；

b. 再将餐巾布从一边卷到另一边；

c.套入餐巾环，整理好造型，放入盘内。

具体步骤如图 4-7 所示。

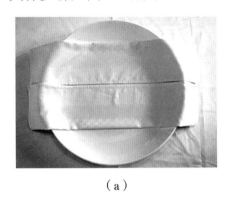

（a）

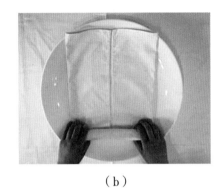

（b）

（c）

图 4-7 心有千千结

8. 枫叶

操作步骤：

a.将餐巾错位对折，呈错位长方形；

b.将错位长方形短边进行错位对折；

c. 沿中线翻折底角至四片巾角的中间位置；

d. 从中间向两边推折；

e. 套入餐巾环，整理好造型，放入盘内。

具体步骤如图 4-8 所示。

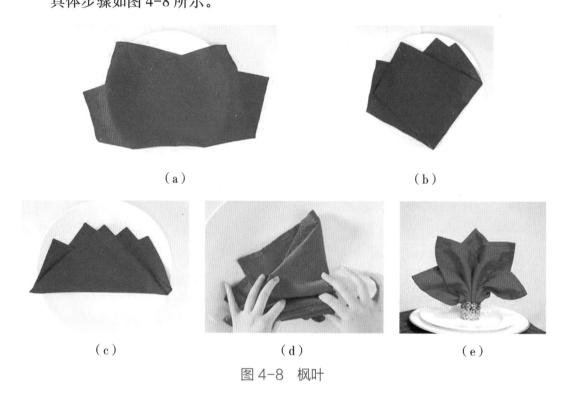

（a）　　　　　　　　　　　　　　　（b）

（c）　　　　　　　（d）　　　　　　　（e）

图 4-8　枫叶

9. 扇面

操作步骤：

a. 将餐巾从上边向下边折叠，上面一层餐巾比下面一层餐巾多 2 厘米左右；

b. 再将餐巾从下向上折叠，与上边间距 2 厘米左右；

c. 从中间向两边推折；

d. 套入餐巾环，整理好造型，放入盘内。

具体步骤如图 4-9 所示。

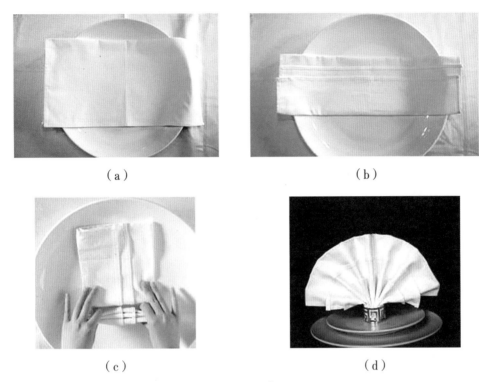

（a）　　　　　　　　　　　　　（b）

（c）　　　　　　　　　　　　　（d）

图 4-9　扇面

10. 荷蕊

操作步骤：

a. 将餐巾从上到下对折，再从左到右对折，折叠成正方形；

b. 四片巾角朝下，将上面两层巾角向上对折，再将下面两层巾角向背面对

折,形成三角形;

　　c.从中间向两边推折;

　　d.握住餐巾,分别拉出两边的巾角,套入餐巾环,放入盘内,整理好造型。

　　具体步骤如图4-10所示。

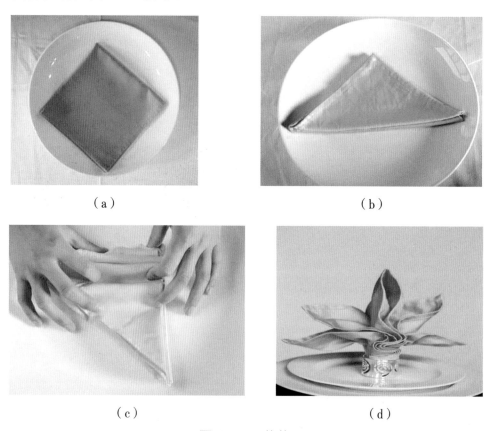

图4-10　荷蕊

 任务实施

1.活动设计

　　将学生分成若干个小组,进行小组餐巾折花竞赛。

2.活动形式

　　(1)以小组为单位,运用餐巾折花的基本手法在规定时间内(5分钟)折出5种环花。

　　(2)每组折好后将折花放到指定的餐桌前,分类摆好。

　　(3)评出用时最短、餐巾花造型最美观的小组,予以口头表扬,并对本次教学活动进行评价（小组互评、评委团代表点评，最后由教师点评）。

3. 活动时间

　　10 分钟。

4. 活动目的

　　加深学生对环花折叠方法的记忆，训练实际动手操作能力，培养小组的团队协作能力。

 效果点评

活动评价表

评价内容	标准及要求	分值	得分
操作卫生	操作时不用嘴叼咬，注意卫生	10	
花型难度	根据所折花型难度大小打分	5	
花型名称	取名与实际花型相符合	10	
基本技法	折花所用技法符合操作规范	50	
报出技法	能准确报出操作过程中所使用的每一种技法	10	
总体效果	操作精细，动作优美，作品美观	10	
速度	在规定时间内完成	5	
总分		100	

项目总结

　　通过本项目的学习，知道了每种餐巾环花的折叠方法，能运用所学的方法独立完成环花花型的折叠。

项目五

运用餐巾花

 项目概况

　　形状各异的餐巾花摆放在餐台上给人以美的享受，餐巾花型的摆放可标出主宾的席位，宾客一步入餐厅就可以从不同的花型中辨认出自己的位置。不同的餐巾花造型代表不同的寓意，表达宴会主题，起到沟通宾主之间感情的作用。达到渲染氛围的目的。通过本项目的学习，学生可以了解餐巾花的选择与摆放要求，能运用所学的餐巾花知识布置、美化不同类型的宴会摆台。

选用餐巾花

　任务目标

【知识目标】

1. 了解餐巾花的作用。

2. 熟悉餐巾花花型的选用要求。

【技能目标】

能够根据不同主题、不同环境的宴会等正确选择运用餐巾花。

【职业素养目标】

1. 养成良好的职业行为习惯、端正的工作态度和认真负责的服务意识。

2. 培养学生具有良好的观察力、记忆力。

　任务导入

【案例】隆冬的一个傍晚，A 市中心的大酒店张灯结彩，热闹非凡，来华的法国、日本、英国等各国商人正汇聚一堂，听取翔云公司总经理关于寻求合作伙伴的讲话。会后，客人被请到了大宴会厅，宴会厅布置高雅、华丽，每张餐桌上都摆有非常漂亮的餐巾花型，有孔雀开屏、彩凤翼美、芬芳碧花、双叶荷花等。客人在迎宾小姐的引领下走到餐桌旁，可迎宾小姐发现有数名英国和日本的客人不肯就座，而且表现出不高兴的样子，迎宾小姐不知所措，赶忙找部门经理……

【问题】

1. 为什么英国、日本的客人不肯入座？

2. 除了能正确折叠餐巾折花外，我们还应掌握哪些方面的知识？

【分析】在英国，人们认为孔雀是祸，是淫妇的代称，孔雀开屏被认为是自我吹嘘的表现；在日本，荷花被认为是丧花。所以，英国和日本客人认为这个饭店摆放这些餐巾花型是在侮辱他们。

 必备的知识

一、餐巾花的作用

1.餐巾花可以装饰、美化餐台

不同的餐巾花型，蕴含着不同的宴会主题。形状各异的餐巾花，摆放在餐台上，既美化了餐台，又增添了庄重热烈的气氛，给人以美的享受。

2.餐巾花可以烘托就餐气氛

如用餐巾折成喜鹊、和平鸽等花型表示欢快、和平、友好，给人以诚悦之感；如折出比翼双飞、心心相印的花型送给一对新人，可以表达永结同心、百年好合的美好祝愿。

3.餐巾花可标识出正副主人席位

主人位花型最高，便于识别主人位，副主人位其次。

4.餐巾花的摆放可以标出主宾的席位

在折餐巾花时应选择好主宾的花型，主宾花型高度应高于其他宾客花型高度以示尊贵。

二、餐巾花的选用要求

（一）根据宴会性质来选择花型

1.婚宴

宜选并蒂莲、鸳鸯、喜鹊、玫瑰花、百合花等；不宜选扇子，因为"扇"的谐音为"散"，寓意不吉利。

2.寿宴

宜选仙鹤、寿桃、寿龟等餐巾花造型；不宜选吊钟花、菊花等。

3.迎宾宴

宜选迎宾花篮、和平鸽。

4.商务宴请

宜选用春笋、蓓蕾。

（二）根据宴会规模来选择花型

1.多桌

宜统一花型，花型要简单、挺括。

2. 单桌

每人的花型各不相同，形成既多样又协调的布局。

（三）根据接待环境特点来选择花型

大厅堂宜用花、叶、形体高大的花型；小包厢宜用小巧玲珑的花型。

（四）根据菜单内容来选择花型

如果冷盘是荷花，则配以花类；以海鲜为主的宴会则配以各式鱼虾造型。

（五）根据季节来选择花型

春季选择迎春花、月季花，夏季选择荷花、玉兰花，秋季选择菊花、枫叶，冬季选择梅花、雪地松鸡、冰玉水仙、企鹅等。

（六）根据宾客身份、宗教信仰、风俗习惯和爱好来选择花型

女宾可选择孔雀、鲜花；儿童可选择金鱼、小鸟；佛教信徒可选择僧帽；伊斯兰教徒可选择金鱼、大鹏鸟；美国人喜欢山茶花；日本人喜欢菊花（皇室花卉），忌讳荷花（丧花），忌绿色；意大利人忌讳菊花（祸花、淫花）；法国人忌讳仙鹤（蠢汉、淫妇）；英国人喜欢蔷薇，忌讳孔雀（吹牛、拍马、奉迎）；中国人喜欢仙鹤（长寿），忌讳菊花（丧花）。

（七）根据宾主席位的安排来选择花型

宴会主人座位上的餐巾花称为主位花。主位花需要选择美观而醒目的花型，其目的是使宴会的主位更加突出；副主位花略低于主位花。

 任务实施

1. 活动设计

根据宴会主题选择餐巾花并折叠所选餐巾花。

2. 活动形式

以小组为单位参与，分成 6 组，每个小组自行选择两种主题宴会，为该主题宴会设计适宜的餐巾花并折叠所选餐巾花。

3. 活动时间

10 分钟。

4. 活动目的

加深学生对餐巾花花型的选择与运用，提升小组的团队协作能力。

效果点评

活动评价表

评价内容	标准及要求	分值	得分
仪容仪表	发型、手及指甲、服装符合酒店规范	10	
选择餐巾花	花型的选择主题明确	20	
	花型的品种搭配合理	20	
	花型的高度符合要求	10	
折叠餐巾花	花型折叠时技法准确	20	
速度	在规定时间内完成	20	
	总分	100	

任务二

摆放餐巾花

 任务目标

【知识目标】

熟悉并掌握正确摆放餐巾花的要求。

【技能目标】

1. 能够根据不同主题的宴会将合适的餐巾花迅速摆放到餐桌上，具备美观性。

2. 提高学生发现美、创造美、完善美的能力。

【职业素养目标】

1. 养成良好的职业行为习惯、端正的工作态度和认真负责的服务意识。

2. 陶冶学生热爱生活、美化生活的情操。

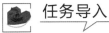

任务导入

【案例】为配合"世博会",迎接外国来宾,以"世界人民大团圆"为主题设计餐巾花,你会如何选择?

【问题】作为服务员,你将如何选择餐巾花?

【分析】餐巾花的选择应根据餐厅或宴会性质、规模、规格、季节,来宾的宗教信仰、风俗习惯等因素考虑。

必备的知识

一、餐巾花盛放要美观

(1)杯中餐巾花的摆放需注意放入杯中的深度,不宜过深或过浅,且杯花的深度需一致,花型需整洁。一般餐巾花以放置在杯中高度的约三分之二处为宜。

(2)盘中餐巾花的摆放需注意盘花的大小,不得拖拉在餐盘外,且各花的大小需一致,并需摆放整齐。

二、餐巾花摆放位置要合理

摆放餐巾花时要根据餐桌的整体性、餐巾花的花型及宾客座席放置餐巾花。

(1)从主人位开始,沿顺时针方向摆放餐巾花。

(2)在摆放餐巾花时,需将餐巾花的最佳观赏面朝向宾客。

(3)在餐巾花摆放过程中,需注意各餐巾花之间的距离要均匀,餐巾花不能遮挡台上用品,不能影响服务操作。

(4)主花摆放在主宾席位上,以突出主位;一般花需高低分明、错落有致地摆放在其他宾客的席位上,以形成一种视觉上的美感。

(5)同一餐桌上需尽量摆放不同造型的餐巾花,若餐巾花造型相似,则需将餐巾花交错摆放,并保持对称。

(6)餐巾花要放正、放稳,保持折痕清晰。

任务实施

1. 活动设计

中餐主题宴会餐巾花摆放竞赛。

2. 活动形式

将学生分为 6 组，每组自选主题进行中餐主题宴会餐巾花摆放竞赛。向学生下发学习任务书、餐巾花摆放能力评价表。要求每组成员合理分配工作任务。

3. 活动时间

10 分钟。

4. 活动目的

加深学生对摆放餐巾花要求的理解，能应用到实际工作中去，提升小组的团队协作能力。

 效果点评

活动评价表

评价内容	标准及要求	分值	得分
仪容仪表	发型、手及指甲、服装符合酒店规范	10	
餐巾花选择	花型的选择主题明确	10	
	花型的品种搭配合理	10	
	花型的高度符合要求	10	
餐巾花摆放	从主人位开始，沿顺时针方向摆放餐巾花	5	
	主花摆放在主宾席位上，以突出主位	5	
	最佳观赏面朝向宾客	5	
	各餐巾花之间的距离要均匀	10	
	同一餐桌上摆放不同造型的餐巾花，如若餐巾花造型相似，则需将餐巾花交错摆放，并保持对称	5	
	餐巾花要放正放稳，保持折痕清晰	10	
	餐巾花放置在杯中高度的 2/3 处	10	
速度	在规定时间内完成	10	
总分		100	

项目总结

通过本项目的学习，了解餐巾花的选择与摆放要求，能运用所学的餐巾花知识布置、美化不同类型的宴会摆台。

参考文献

[1] 刘玉双. 餐厅服务员杯花折叠实景图解. 北京: 中国劳动社会保障出版社, 2015.

[2] 樊平, 李琦. 餐饮服务与管理. 北京: 高等教育出版社, 2012.

[3] 黄程, 陈艳梅. 餐巾折花技法. 长沙: 湖南美术出版社, 2009.

[4] 姚宇. 新编餐巾折花技法与应用. 沈阳: 辽宁科学技术出版社, 2005.

[5] 李芬, 肖长广, 肖劲胜. 餐巾折花精选200例. 北京: 中国旅游出版社, 2006.